人間とロボットの法則

石黒　浩
Hiroshi Ishiguro

B&Tブックス
日刊工業新聞社

はじめに

研究において重要なのは、新しい何かを発見することなのであるが、それには物事をパターン化して捉える能力が必要なのだと思う。

教科書で何かを勉強する時、「わかった！」という感覚を得る瞬間というのは、その教科書に書いてあることを、一つひとつ順番に理解していく時ではなく、そうした理解が全部つながって、全体のイメージが何かのパターンとして現れてきた時だと思う。「わかった！」と思った次の瞬間には、頭の中に理解したことのイメージが次々と広がり、それを実際に図などに描き出すことができる。

新しい発見においては、とくにこのパターンとしての理解が重要になる。何かの問題をじっと考えていると、何となくその問題を表すパターンが頭の中に浮き上がってくる。そのパターンを図に描き出してみると、時に「これだ！」と思うようなパターンが見つかり、そのパターンに引きずり出されるように、問題に関わる論理が展開されていく。私にとって発見とは、まさにこのような過程を経て得られるものである。

本書では、普段から考えている人間とロボットの問題に関して、どのようなパターンが頭の中に現れ、それを基にどのように考えているのかを表現してみた。もちろん、すべてのパターンを描き出せている訳ではなく、専門の研究に関するパターンについてはほとんど触れていない。専門性の高い問題ではなく、人間とロボットの一般的な問題について、どのようなイメージをもっているのかを描き出してみた。

本書で議論するいろいろな事柄は、他の本でも取り上げられている事柄だったりする。しかしながら、それにパターンが付随すると、何かもう少し深いところで理解ができたように思えるのではないかと思う。また、私がイメージするパターンよりも、より適切で深い理解をもたらすパターンをイメージする読者も多いと思う。是非とも本書を読みながら独自のパターンの世界をつくってみてほしい。

目次

第 1 章

人間とロボット

人間は自分のことを知らない

人間は誰でも、心や意識が自分の中に存在すると思っている。しかし、自分の体の中を自分自身で確認することはできない。

人間をはじめ、生物の感覚器は皮膚組織が発展したものであり、すべて外を向いている。目も耳も、自分以外の存在を感知するための器官であり、自分の中を知るための機能はない。自分の顔や頭の後ろ、背中などは見えないし、ましてや内臓となれば、直接その存在を自らの目で確かめることは不可能である。心や意識を司る脳をはじめ、体内のいろいろな臓器に対する実感はなく、自分自身の状態や意識を直接観察することはできない。

普段から自分で自分のことがわかっているつもりの人間は、自分の体の中を見ることすらできないのである。

では、どうやって自分自身のことを自覚するのだろうか？

それは、他者を通してである。他者を観察することではじめて、自分自身を類推することができる。心や感情という実体のないものも、他者との社会的な関わりの中でその存在が確信できるものになっていく。相手に心があると思うから自分にも心があると信じられる。他者を観察することが、自分を理解することにつながるのである。

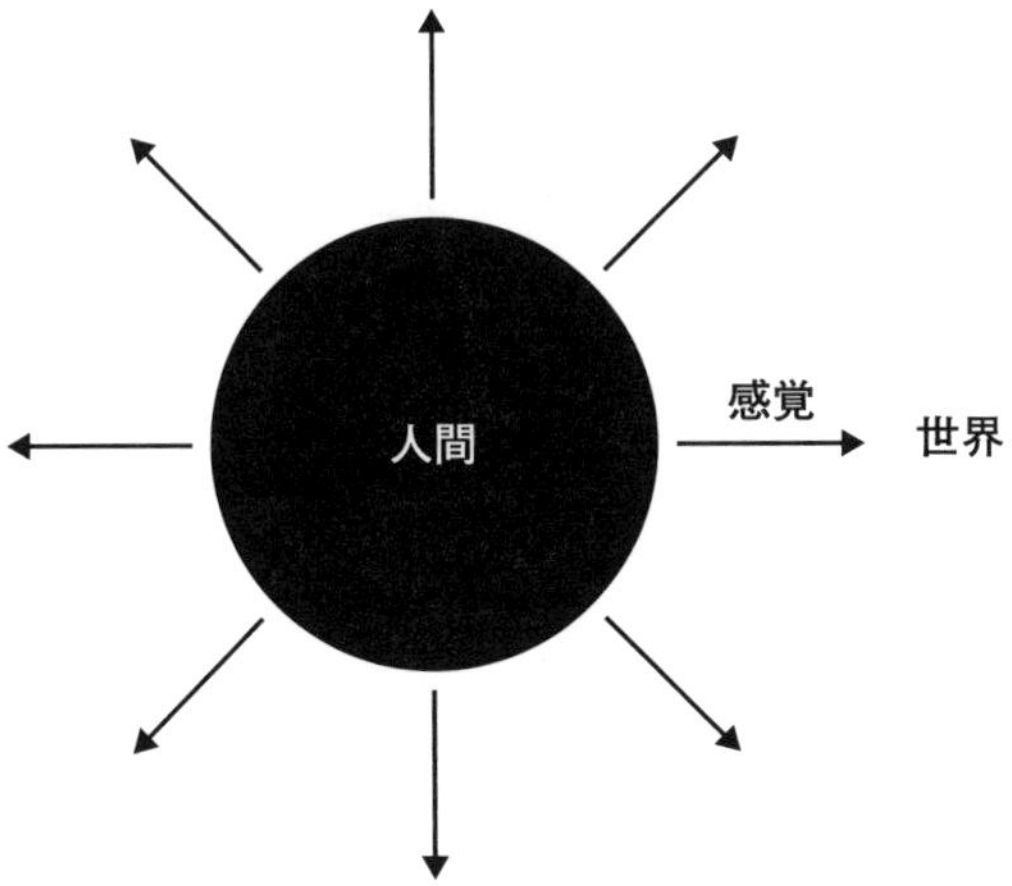
人間
感覚
世界

他者との関わりを通して生まれる自我

他者の気持ちを考えたりコミュニケーションをとったりすることは、自分自身について考えることと同じことである。自分の中を直接見ることはできないが、他者を見て、相手に感情があるとか意識があると感じられれば、自分も同じように感情や意識があると思える。

もし、この世にたった一人の人間しかいなければ、他者との比較も生じないし、コミュニケーションのための言語も生まれない。つまり、自分自身を認識することができない。自我は、遺伝的に発現するようにあらかじめ準備されているが、他者とコミュニケーションをとることではじめて生成される。

人間は多くの他者と関わることで自分の欲求や意図を知ることができ、自分の意識が見えてくる。他者との関わりの中で、相手と自分との違いを知ることができる。多くの人間から少しずつ異なる要素を取り込んでいくことで、自分の中の側面を集めて映し出していくことになる。これが自分を理解するというプロセスである。

他者と同様に、ロボットも自分自身を映し出す鏡になる。欲求や意図をもったロボットができれば、ロボットを通して自分とは何かということを理解していくことができるだろう。ロボットの研究は人間理解の一つのアプローチである。

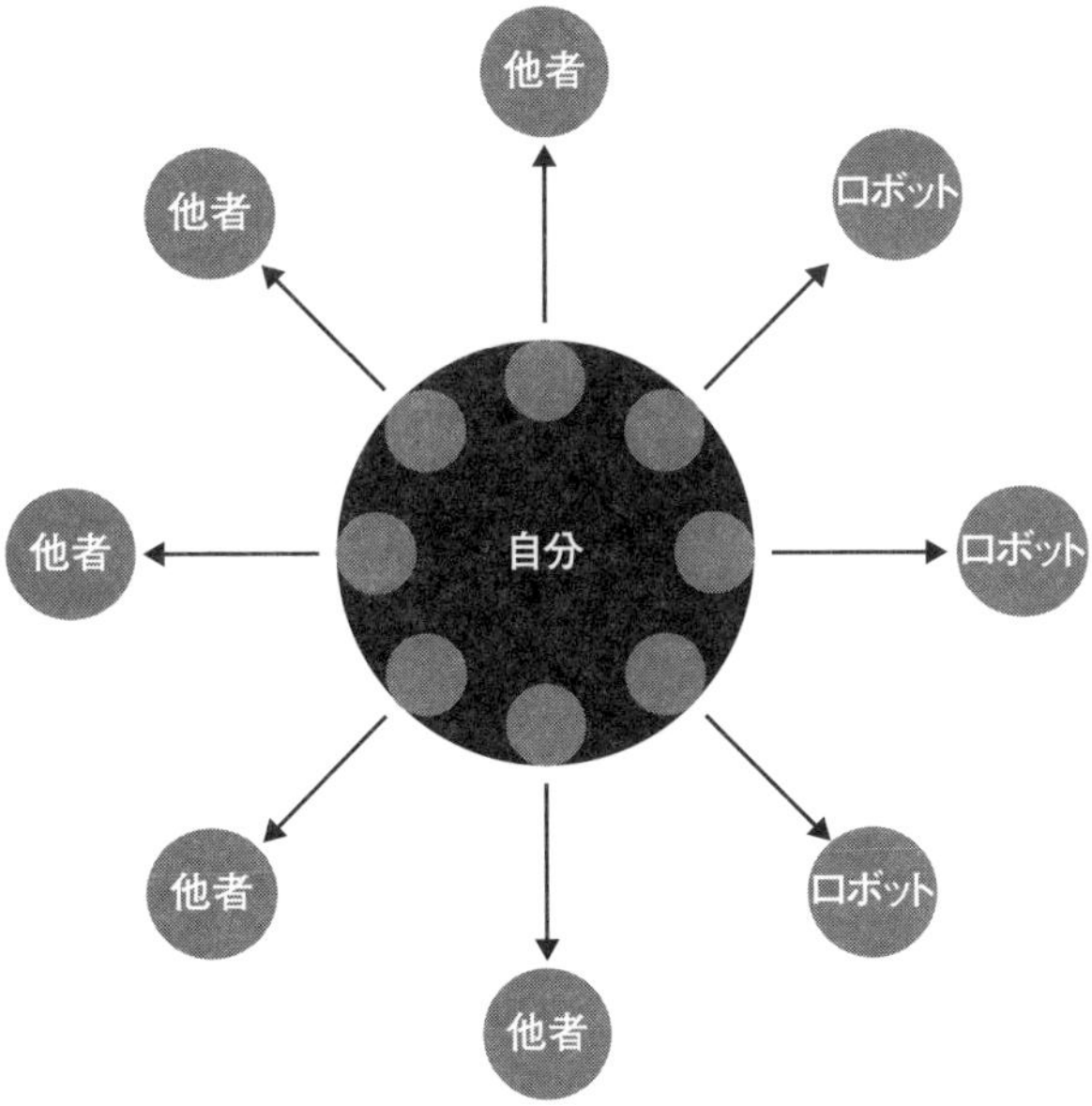
他者
ロボット
他者
ロボット
他者
自分
ロボット
他者
他者

外部観測と内部観測

生物は、より高等な生物へと進化する中で感覚器が発達していく。下等な生物では認識できなかった外部環境が、感覚器の機能の充実によって認識できるようになり、外界を把握する外部観測の能力が増加していく。

ところが、さらに高等な生物になると、感覚器の能力は低下していく。人間の嗅覚や聴覚などは、他のほ乳類に劣っていることが多い。しかし、人間は道具や技術を使うことで感覚器の低下を補い、他の生物よりも外部観察の能力を高めることができる。犬よりも嗅覚が劣っていても、地図を使えば犬には到達できない遠くの目的地まで行ける。

外部観測に対して、自分自身を理解することを内部観測と言い、人間だけがもつユニークな特徴である。ある程度高等な生物は「うれしい」「悲しい」といった感情をもっているが、「自分はうれしいのか、それとも悲しいのか」「なぜうれしいのか」と考えるのは人間だけである。

脳が発達すると、未知の部分も認識できるようになる。わからないことがたくさんあるということが、次第にわかってくるのである。そうなると、いろいろな面で効率がよくなる。他者の気持ちを想像してみるとか、何をしようとしているのか考えることができ、社会生活を円滑にしている。

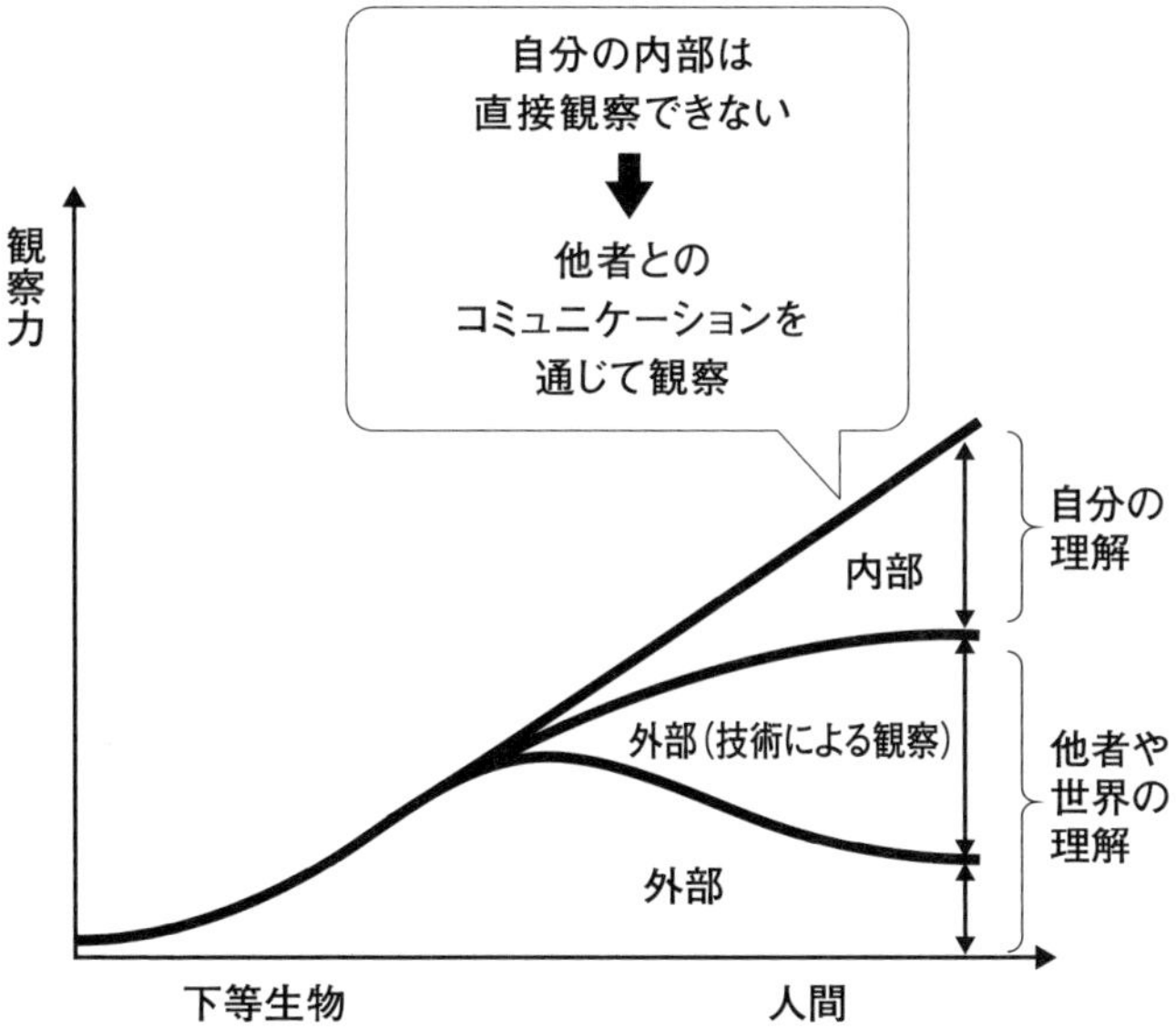
自分の内部は
直接観察できない
他者との
コミュニケーションを
通じて観察
観察力
内部
自分の
理解
外部（技術による観察）
外部
他者や
世界の
理解
下等生物
人間

ロボット工学と認知科学

認知科学とは、人間の心や意識、具体的には記憶や思考といった知的活動を研究して、その仕組みを解明する学問である。そして、心理学や言語学、脳神経科学、哲学、社会学など幅広い分野にまたがる総合科学である。

認知科学で得られる人間のふるまいや相互作用に関する知見を、ロボット工学で再現して確かめる。ロボット工学に基づいてつくられたロボットを、認知科学の観点から人間らしくなっているかどうかを確かめる。二つの分野はお互いに仮説と検証をし合う関係になっている。

これまで、人間らしさを限りなく削ぎ落としたロボットから人間的な見た目を追求したロボットまで、さまざまなロボットをつくってきた。いずれにしても中身は機械であり、アクチュエータの動作や会話のシステムなどはロボット工学の賜物である。

しかし、そのようにして生まれたロボットに対して人間が「心がある」とか「人間のようだ」という感覚を抱いたとすれば、心や人間らしさを工学的に再現できたことになる。すなわち、「心」をもったロボットを分解してみることで、心の正体がわかるかもしれない。

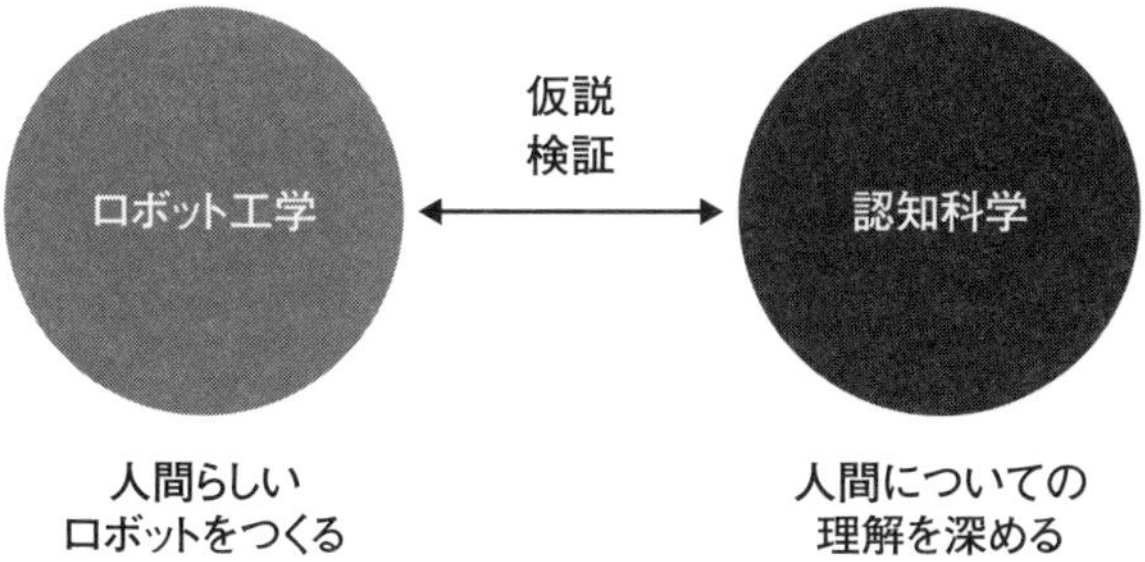
仮説
検証
ロボット工学
認知科学
人間らしい
ロボットをつくる
人間についての
理解を深める

人間と動物の能力比較

人間は、自分たちが動物よりも偉くて上に立っていると思いがちであるが、決してそうではない。人間と動物の能力における区別はあいまいである。

例えば、しばらくの間10分おきに自分がとった行動などを記録してみる。すると、人間にしかできない行動はほとんどないことに気が付く。そうすれば常に動物に能力で勝っているわけではなく、むしろあまり変わらないことがわかる。人間の方が動物よりも優れているというような確信をもっていることが人間の興味深いところである。

「人間とは」「動物とは」などと広い概念を用いて語る場合、平均的なところに着目すべきである。人間や動物の能力には優れたものからそうでないものまで幅があるからである。しかし、不思議なことに「平均的な人間」という概念があまりないことに気が付く。

「人間とは」という話をするときには、人間の平均的なところで話をしなくてはならないはずである。しかし、一般的に人間の代表的なモデルを挙げる場合、世の中を先導するトップ10％の優れた人間のことを指している。有名な芸術家や学者などが例として挙げられる。つまり、能力という点において、動物と自分たちとは明確に分ける一方で、自分たちよりもはるかに優れた人間を自分たちと同一視している。

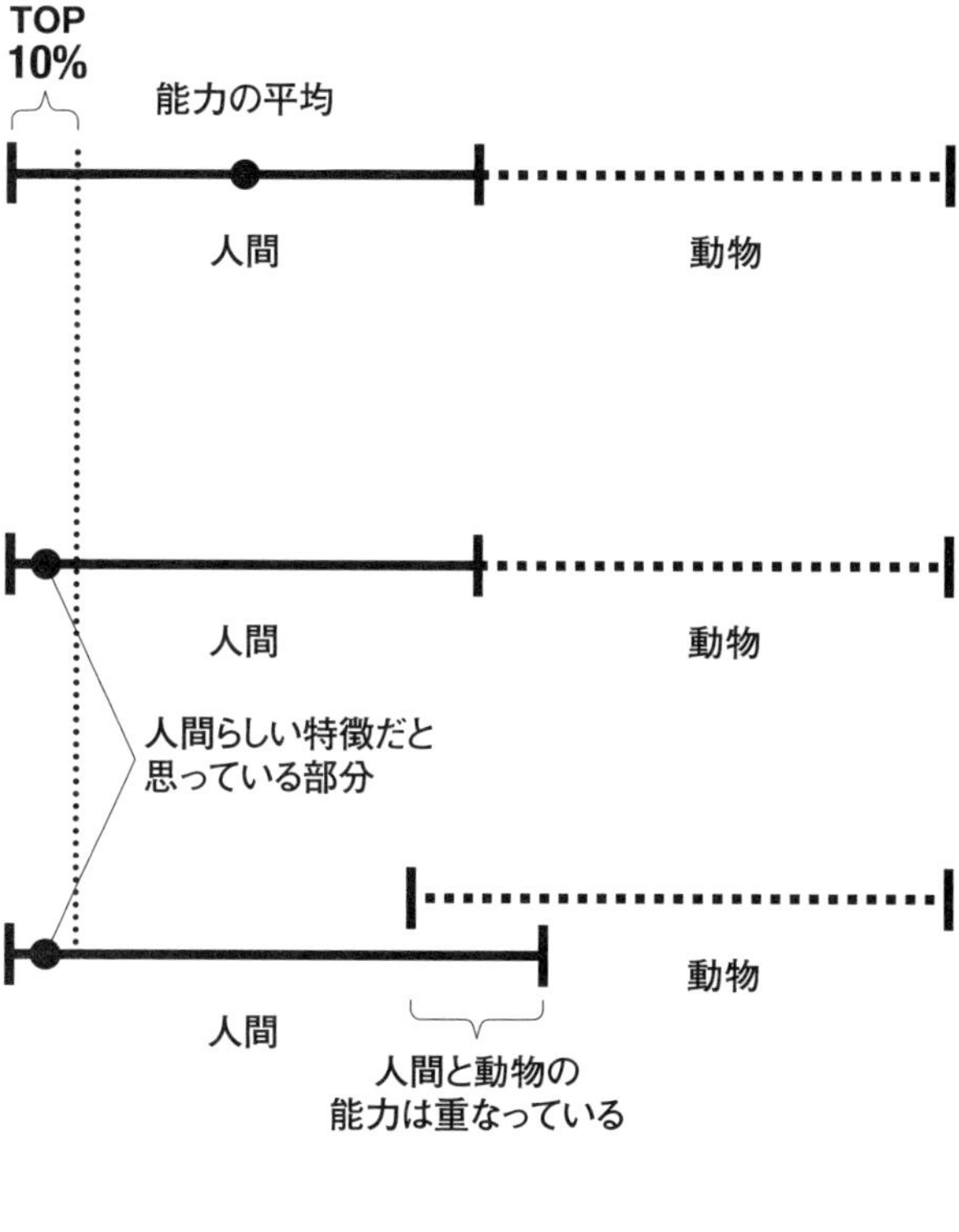
TOP
10%
能力の平均
人間
動物
人間
動物
人間らしい特徴だと
思っている部分
動物
人間
人間と動物の
能力は重なっている

人間とロボットの能力比較

人間と動物の能力を比較する19頁の図にロボットを加えてみる。単純作業に特化したロボットから人間と会話を行ったり、高度な情報処理を行ったりと、ロボットの能力にも幅がある。そして、ロボットの能力は人間と動物の両方にまたがって、広い範囲の仕事をカバーできるようになっている。人間と動物との区別はあいまいだが、人間とロボットの能力もほぼ区別ができないことがわかる。トップ10％の人間にはまだ勝てないかもしれないが、平均的な人間には勝っているかもしれない。工場のラインのロボットの作業能力は平均的な人間の作業能力よりもはるかに高い。また、人間より高度な認識能力や分析能力を有したロボットもある。

それでも人間はロボットよりも上であるという認識が強い。一方で、能力の比較において負けることを気にしている。そのためロボットや人工知能に仕事を奪われるのではないかといった議論が絶えない。しかし、すでに勝っているのはトップ10％だけで、すでに平均的な人間はさまざまな能力の比較において負けているかもしれない。

ある仕事をするための能力において、人間の雇用コストよりも低いコストで行えるロボットができれば当然代替が進む。歴史を振り返れば、さまざまな仕事が機械化することで人間の仕事を奪ってきた。しかしそのことによって、人間は生産性を大きく向上してきたのである。

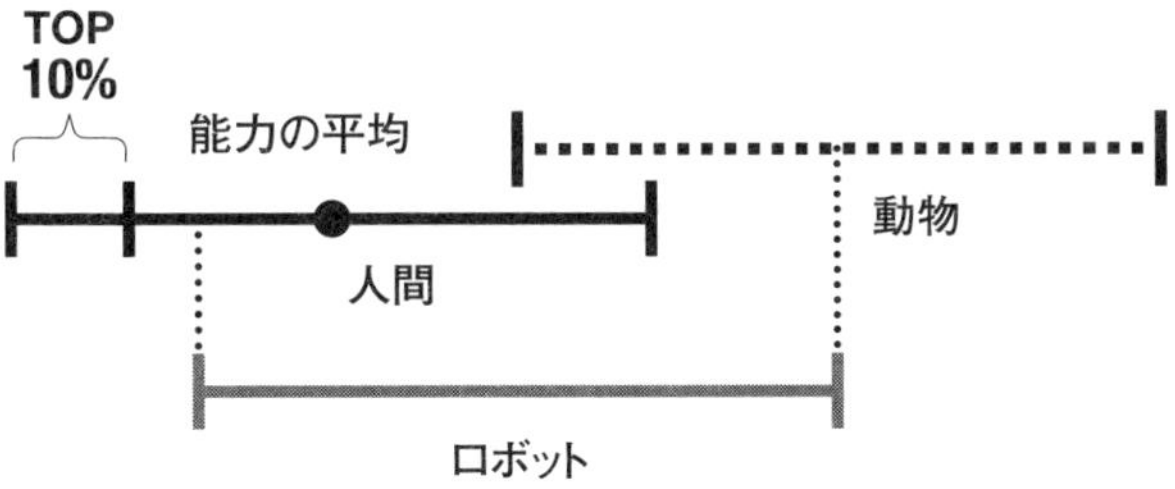
TOP
10%
能力の平均
動物
人間
ロボット

技術によって拡張される人間の能力

重要なのは、ロボットや人間を区別することではなく、組み合わせることである。人間は技術と合わさることによって進化しているという考え方がはるかに重要である。

これまでも人間の能力は技術によって底上げされてきたし、これからもこの流れが止まることはないだろう。昔、イギリスでラッダイト運動というものが起きた。機械が仕事を奪うことを危惧した人間が機械を壊した運動である。このような運動は非常に例外的である。人間は新しい機械が発明されれば、それを受け入れてきた。新しい機械は人間に取って代わって仕事をするが、人間はその機械を使ってさらに生産性の高いことができるようになった。遠く離れた友人と電話したり、数時間で外国へ行けたりすることなどは、昔の人間には超能力のように感じられるだろう。

技術によって人間の能力は拡張されると同時に、過去から未来に向かって肉体の重要性が落ちてきている。今後も肉体が技術に置き換わっていけば、いずれ肉体が不要になるかもしれない。

しかし、人間の能力の機械化が進み、肉体の割合がゼロになってしまったとしても人間であることには変わりがない。つまり、肉体は人間にとってどれほど重要だろうか？　例えば、手足がなく義手や義足を使っている方を我々は完全な人間ではないと思うだろうか？　現在においてすでに、人間の定義には肉体は含まれていない。

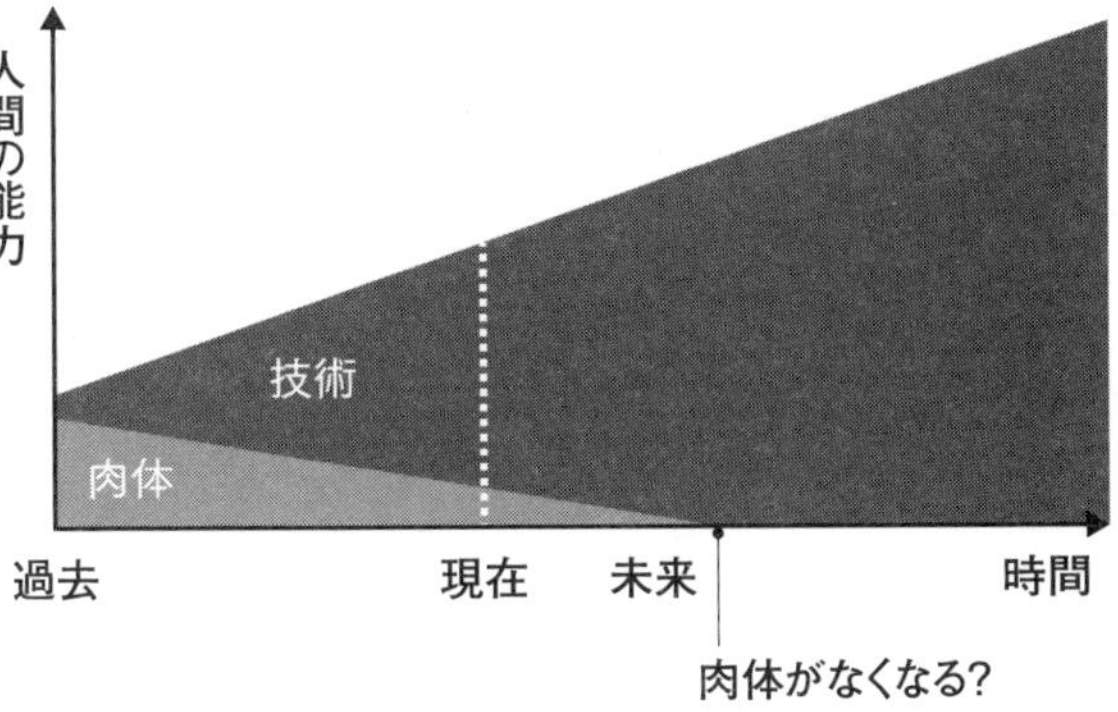
人間の能力
技術
肉体
過去
現在
未来
時間
肉体がなくなる?

ロボットのコストパフォーマンス

製造技術が向上すればロボットのコストは下がる。しかし、今はまだまだロボットの製造コストは高い。現時点では、能力の高いロボットをつくるには莫大なコストがかかるか、技術的に不可能である。例えば、ファストフード店の店員ロボットをつくろうと思えばコストが見合わない。ただ将来的には、ほとんどの仕事がロボットに置き換えられるだろう。

単純作業を行うロボットはすでに工場などで広く活躍している。物を運んだり決められた場所に正確に配置する作業などは得意であり、人間よりも安いコストで働く。こういったロボットがなかった時代は人間が行ってきた仕事だ。ある能力にかかる人間の雇用コストよりも、ロボットの製造コストが下回れば、ロボットが人間に置き換わることになる。より高い能力を実現しようとすればそれに応じてロボットのコストは増える。しかし将来、技術がさらに発達して開発や製造のコストが下がれば、これまで置き換えられなかった人間のより高い能力も置き換えられることになる。

ただ、すでに述べたように、重要なのは人間とロボットを区別することではなくてロボットが融合して人間の能力を拡張することである。今の仕事の大半をロボットが代わりに行ってくれるようになれば、人間はより高度な能力が要求されることに集中できるようになる。

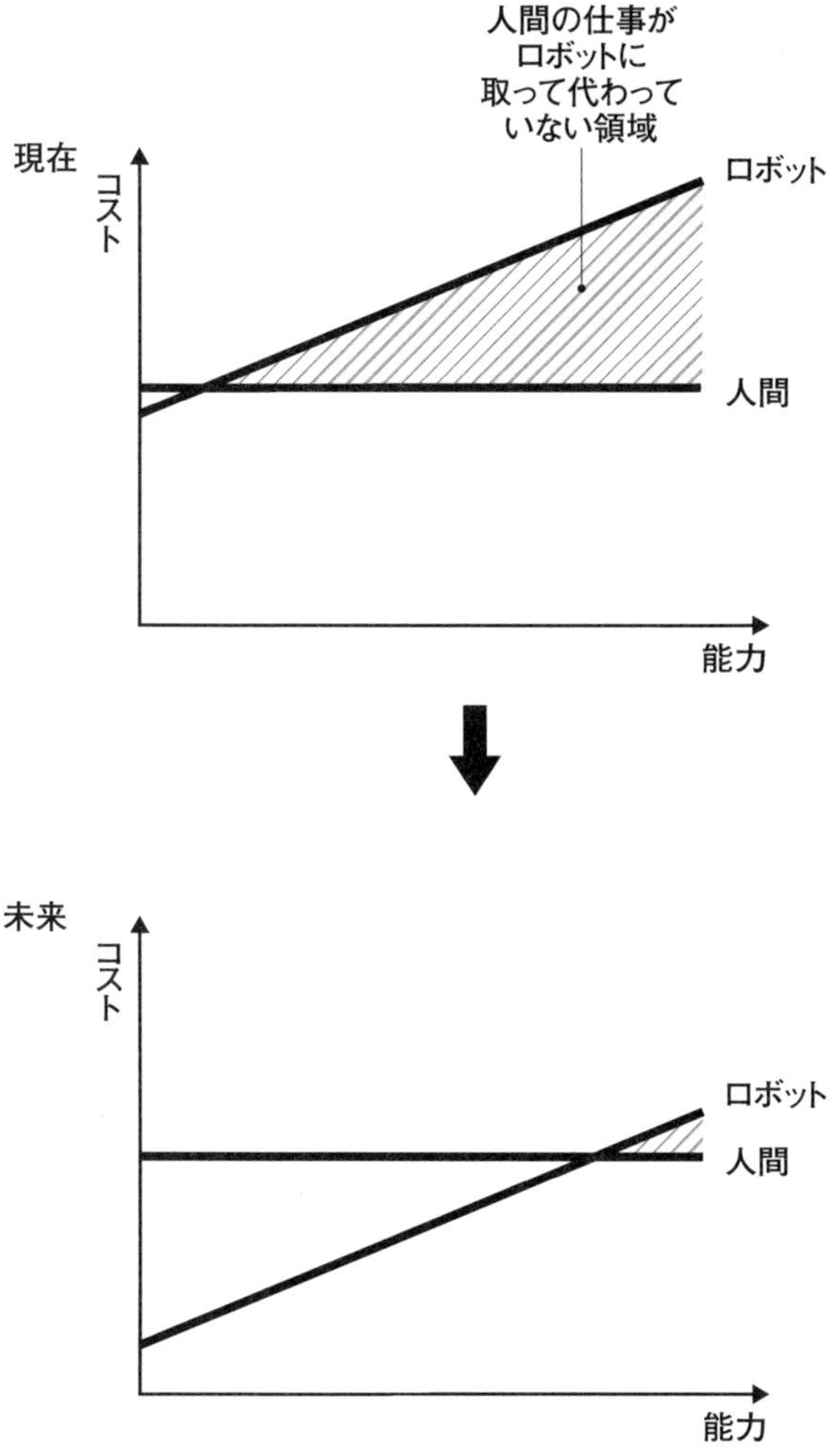
人間の仕事が
ロボットに
取って代わって
いない領域
現在
コスト
ロボット
人間
能力
未来
コスト
ロボット
人間
能力

第 2 章

人間社会と技術

教育と仕事

人間は機械を使ってさらに高い生産性を上げることができる。人間は機械の進歩を求めてきた。ただ、その機械は何もしないで役に立ってくれるわけではない。その使い方を知らないと自分たち人間の生産性を上げることはできない。そして、もちろん機械をつくる立場の人間が必要になる。しかし機械をつくる立場に立つには、使う立場よりもはるかに多くのことを学ばなければならない。そのためには、より長い教育期間が必要となる。

図には、100年前の人間、現在の人間、100年後の人間の生涯を示している。過去から未来に向けて横軸が徐々に長くなっているのは、人間の寿命がのびていることを示している。

100年前は、学校で読み書きを習ったらすぐに働きはじめた。人生の8割くらいは仕事していたと例えば考えておこう。それに比べて現在は、大抵の人間が専門学校や大学に進学する。さらに就職した後も会社でいろいろな研修を受ける。おおざっぱに言えば、人生の半分くらいは教育を受けているように思う。読み書きだけでなく、数学や物理などさまざまな科目を学び、コンピュータがある程度使えるようにトレーニングを受けてから世の中で働く。100年前と現在を比べれば、働く時間はずいぶんと短くなった。しかし、生産性は大きく向上した。教育を受ける期間の割合は技術の発達や生産性の向上によって、これからものびていくだろう。

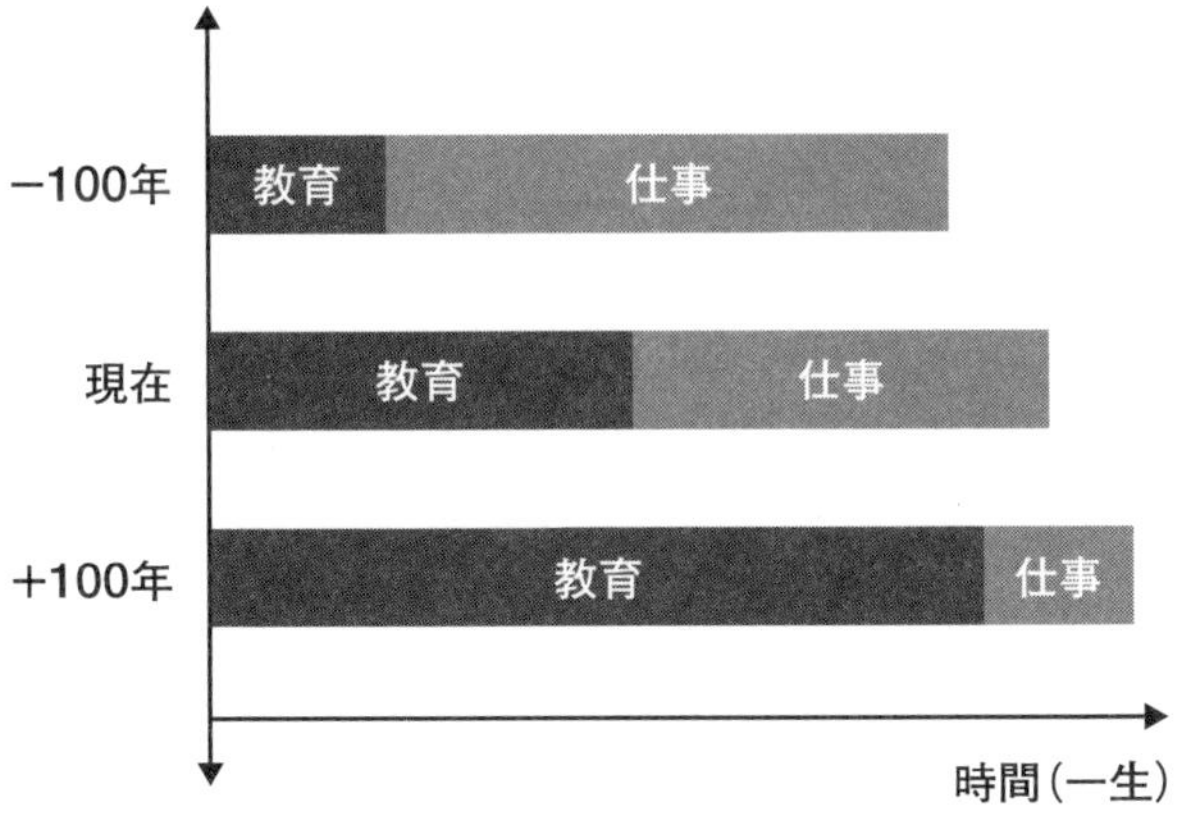
−100年
教育
仕事
現在
教育
仕事
+100年
教育
仕事
時間（一生）

未来（100年後）の教育と仕事

今後100年でさらに技術が進歩し、その進歩した技術を学ぶためにより長い教育期間が必要となる。例えば、人生の8割を教育に費やし、残り2割の期間で仕事をするということになる可能性は十分にある。

そうなると何が起こるかというと、一生仕事をしない人間も出てくるということである。人生の8割を教育に費やすというのは言わば平均値である。実際には、人間の能力にはかなりの差がある。故に、人生の6割の時間で教育を終える人間もいれば、人生すべてを教育に費やしても終わらない人間も出てくる。そうした人間は、社会によって支援される。一方で、早くに教育を終えて、高度な技術を使って高い生産性を上げるとともに高い給料をもらう人間は、たくさんの税金を払って、教育の終わらない人間を助けるのである。

いずれにしても、100年後の社会において何が起こるかというと、仕事の数や量としては今よりも圧倒的に少なくなるということである。機械が仕事を奪うと懸念する人間は多いが、効率の悪い仕事をしていても生産性は上がらない。優れた機械を使って、高い生産性を上げれば、仕事は少なくても社会全体の生産性は向上していくのである。

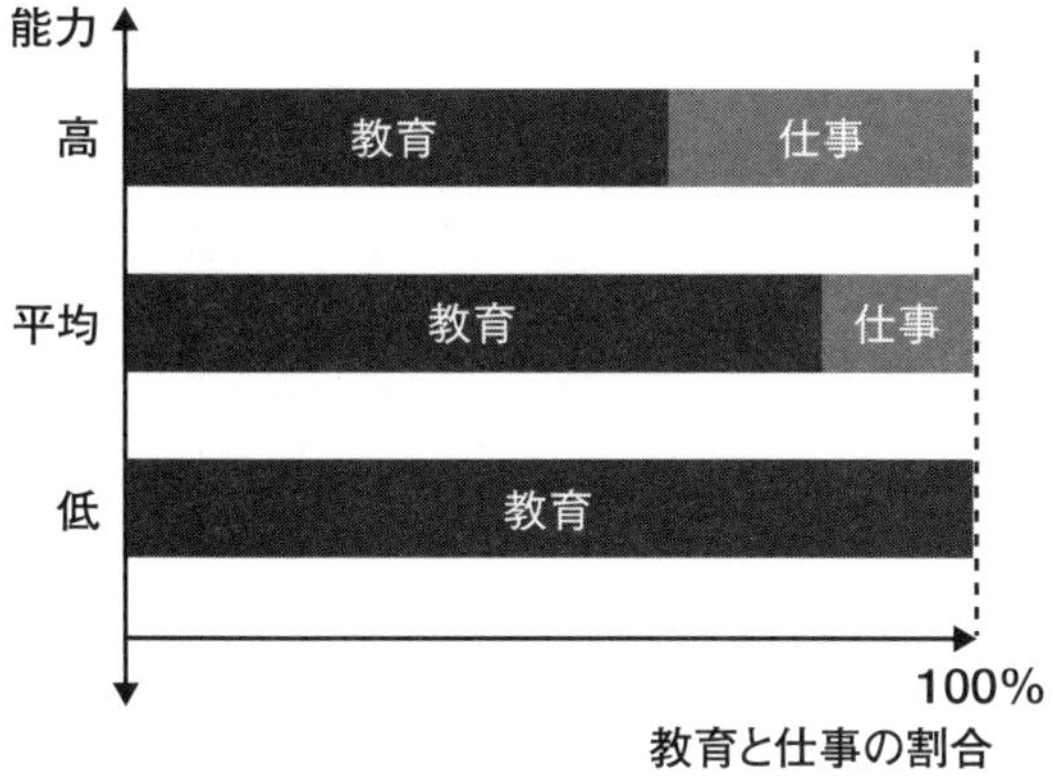
能力
高
教育
仕事
平均
教育
仕事
低
教育
100%
教育と仕事の割合

半減する日本の人口

国の調査によると、現状の出生率のまま推移した場合、日本の総人口は2100年には5000万人を下回るという推計が出ている。現在の人口の半分以下である。

もし人口が半分になるのであれば、仕事量も半分になってよいはずである。一方で、労働人口が減るのであれば、効率化も図らなければならない。

現在の人口動態の内訳をみると、高齢者が占める割合が高い。これには、出生率の低下や医療技術の発達による寿命の向上などの要因があるが、今の時代におけるもっとも大きな要因は戦後のベビーブームである。1948年前後の出生数は突出している。これは現在の70歳前後の層である。

今後数十年間は高齢者が占める割合が高い人口構成が続き、相対的に労働人口は少なくなる。そのため、ロボットは高齢者の介護を行ったり、働く人間の能力を拡張したりすることに貢献していく。

そして、2100年頃になると、再びバランスのとれた人口構成が戻ってくる。相対的に高齢者以外の人口の割合が高くなる。そのような社会においては、社会におけるロボットの役割が再び見直される可能性がある。

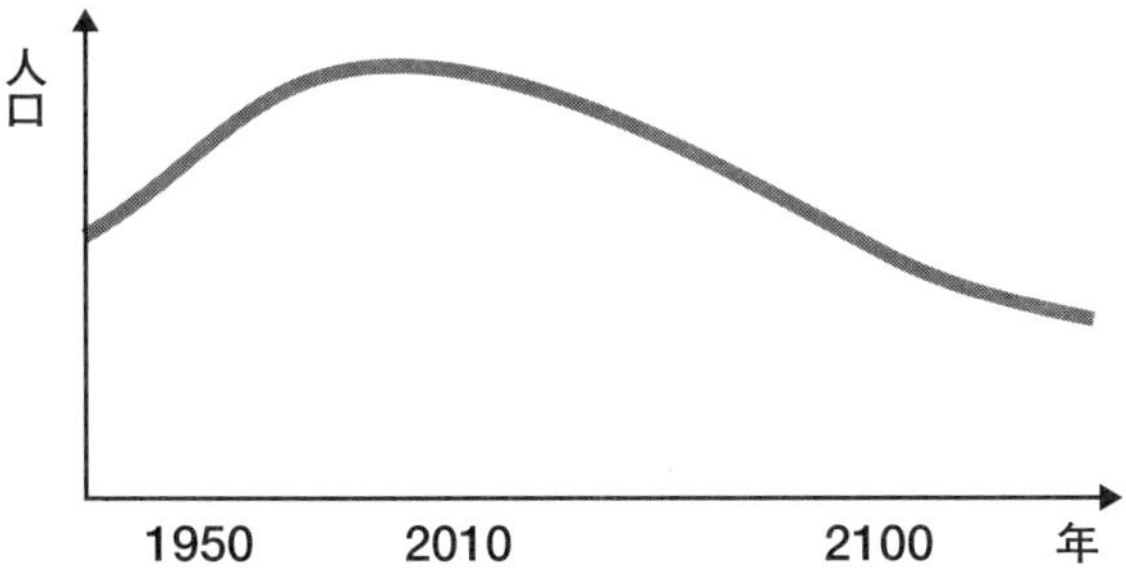
人口
1950
2010
2100
年

仕事の量と生産性

過去から現在までをみると、人生の中で教育期間が占める割合が増え続けている。一方で、生産性はのびている。仕事が減っているにも関わらず生産性がのびているということは、仕事の内容が変わってきているということである。仕事の量のピークはソフトウェア産業の勃興以前にあった。ソフトウェア産業が出てきてから仕事の量が減ってきている。

ソフトウェアを使った生産活動が従来の生産活動と大きく違う点は、簡単にコピーができるところである。自動車や家電製品、ロボットをコピーする、つまり何台も生産していくためには、たくさんの従業員や広大な工場の敷地や設備が必要である。一方で、ソフトウェアは簡単にコピーできるため、生産性はどんどん上がり、販売も比較的容易である。そのため、ソフトウェア産業は利益率が高く、効率的にお金を稼ぐことができるのである。

極端な言い方をすれば、従来の製造業における生産活動には例えば1000人必要であるのに対し、ソフトウェアは1人でつくることができる。そして、そのソフトウェアは莫大な収益を生む可能性をもっている。

私は利益構造が生産物により大きな違いがあることを危惧している。バランスのよい社会を保つには、かけた労力に応じた収入を得ることが健全に思える。

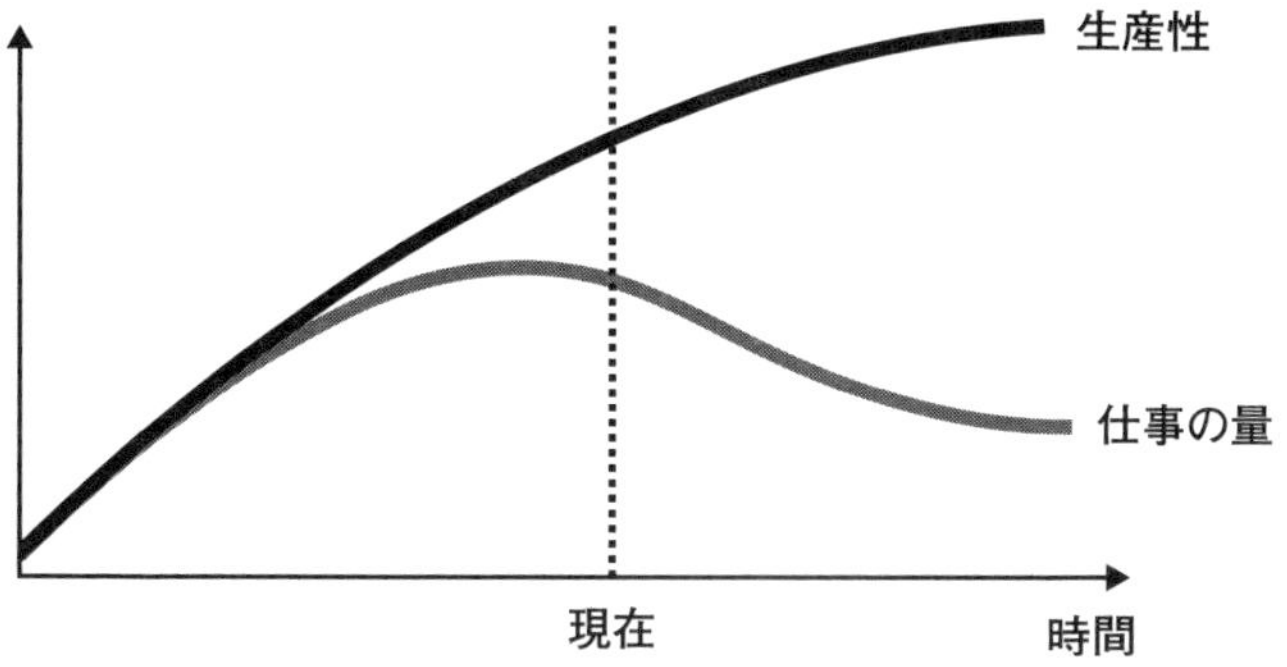
生産性
仕事の量
現在
時間

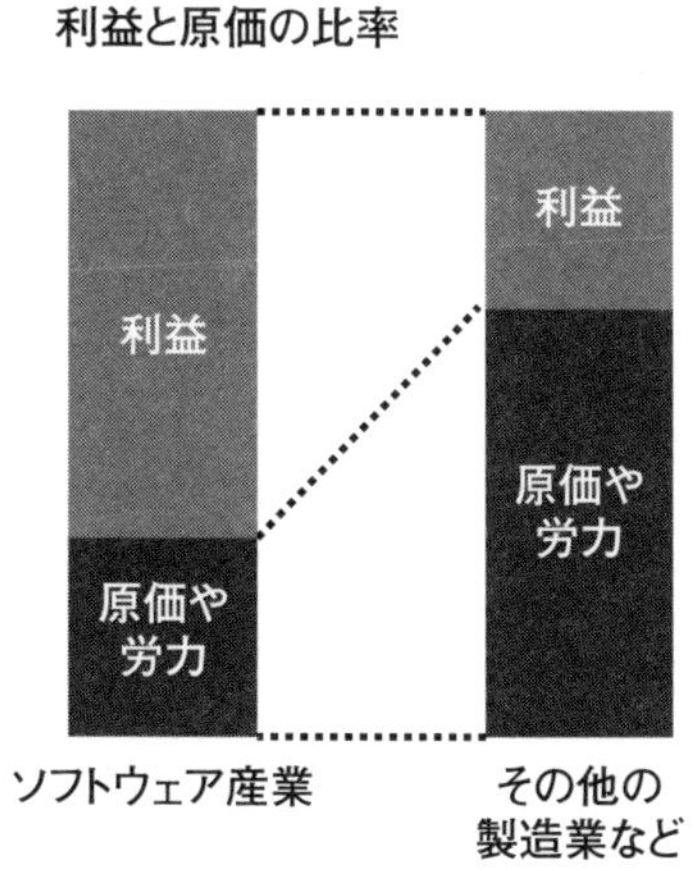
利益と原価の比率
利益
原価や
労力
利益
原価や
労力
ソフトウェア産業
その他の
製造業など

人間の能力の底上げ

機械化や自動化は100年前とは比べ物にならない豊かさを生み出した。世界中の人間とリアルタイムでコミュニケーションすることも当たり前となった。過去に不治の病とされた多くはいまや脅威ではない。

人間同士の能力の差に関わらず、技術の発達に応じてすべての人間の能力は均等に底上げされたように思える。しかし実際には、技術の進歩に応じて個々の能力差は広がっている。人間には技術を習得できる能力に差があるためである。

高度な技術ほど、生産性が高い仕事ができる。そして能力が高い人間はそうでない人間よりも高度な技術を理解できるため、底上げの度合いが大きくなる。例えばプログラミングができる人間はより生産性の高い仕事ができる。しかし、すべての人間がプログラミングを理解してコンピュータを十分に使いこなしているわけではない。図をみると、技術を理解できない人間は過去の人間と比較すると、能力は向上しているものの、同時代のより能力の高い人間とは差が広がっている。技術の発達に取り残されているとも言える。

すなわち、技術の発達は人間全体の能力の底上げをするが、能力が高い人間とそうでない人間の差を広げるのである。技術はすべての人間の能力を均等に上げるものではないのである。

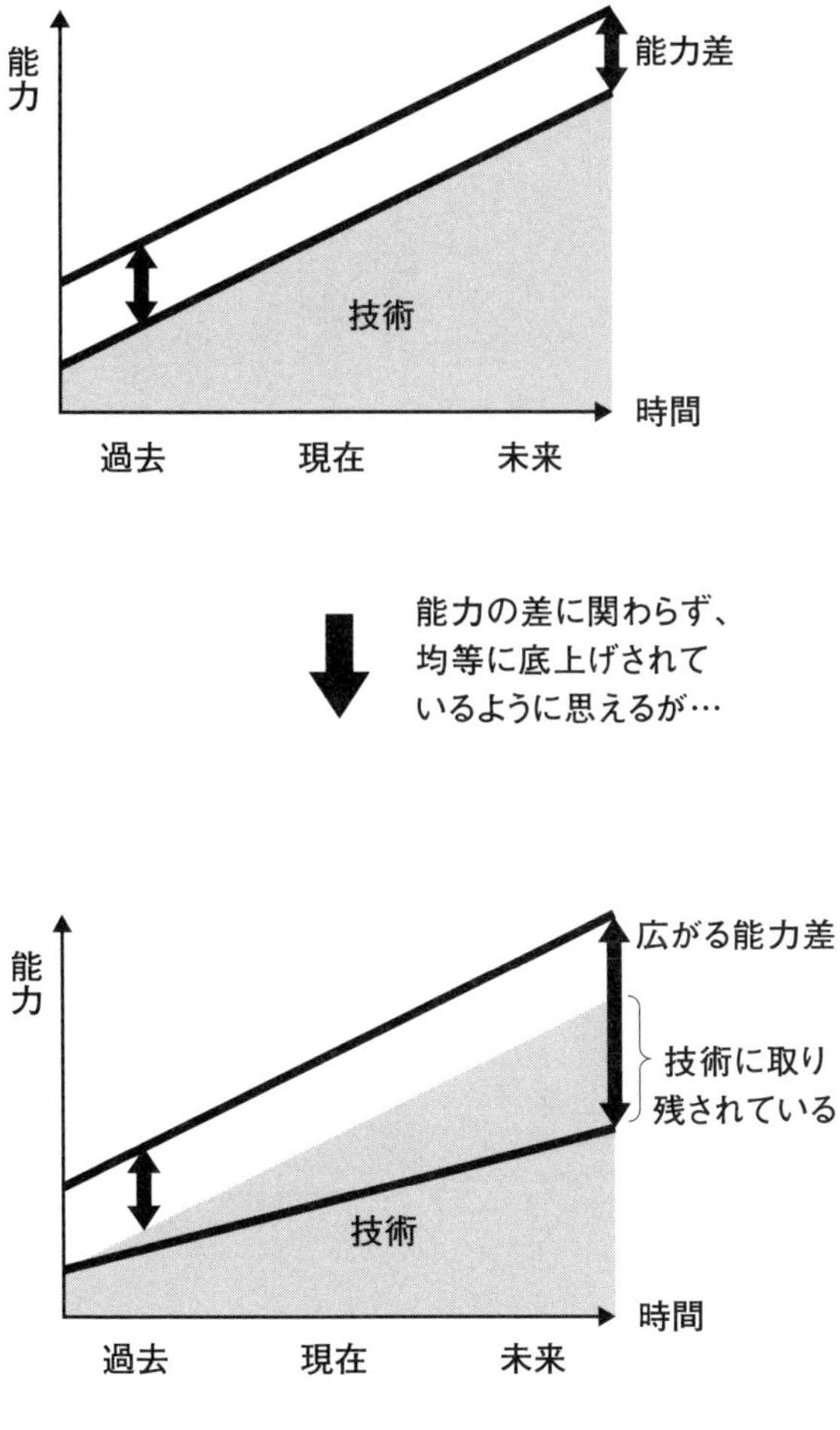
能力
能力差
技術
時間
過去
現在
未来
能力の差に関わらず、
均等に底上げされて
いるように思えるが…
能力
広がる能力差
技術に取り
残されている
技術
時間
過去
現在
未来

広がり続ける能力差

技術の進歩と人間の能力の関係をもう少し厳密に見てみよう。実際には、技術は時間に正比例して直線的にのびるのではなく、指数関数的に進歩している。

昔は技術の習得能力に現在ほどの差はなかった。しかし今は、最先端の技術を理解できる人間とできない人間の差が急激に広がっていて、二極化している。例えば、火をおこす技術とプログラミングの技術ではどちらが難しいか比べてみれば明白である。

最先端の技術を理解して活用できる人間は限られている。社会全体としての生産性は今後も向上するだろうが、個人間の能力格差は広がっていくことになる。

最新のコンピュータで高性能なソフトを使えば、誰でもよい仕事ができるようになるのではないかという考えもある。確かに、コンピュータは使いやすくて賢くなってきているので生産性は向上する。

しかし、そうなったからといってコンピュータを使うことにとどまっている人間の収入が増えるとは思えない。与えられたソフトを使って仕事をする人間とソフト自体をつくる人間のどちらの収入が多くなっているかは明白である。

個々人の能力や社会全体の生産性は底上げされるが、同時に能力の差も広がるのである。

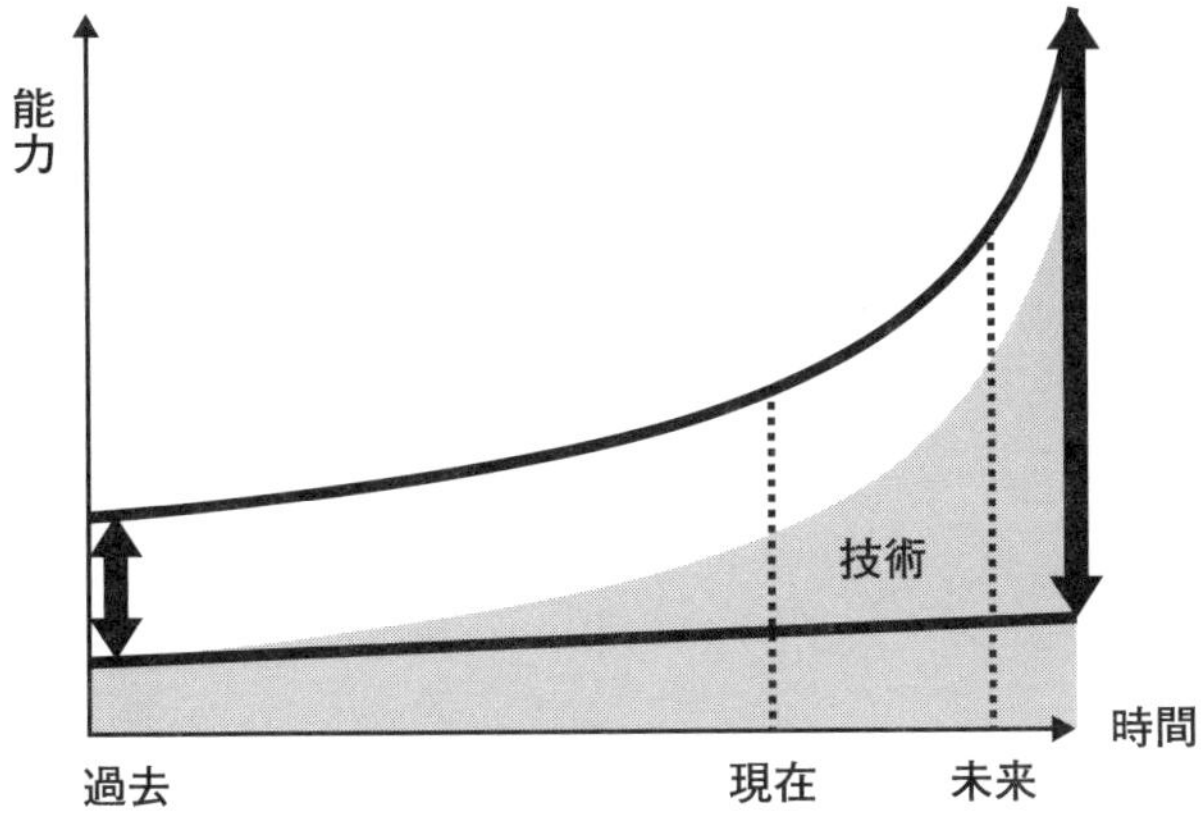
能力
技術
時間
過去
現在
未来

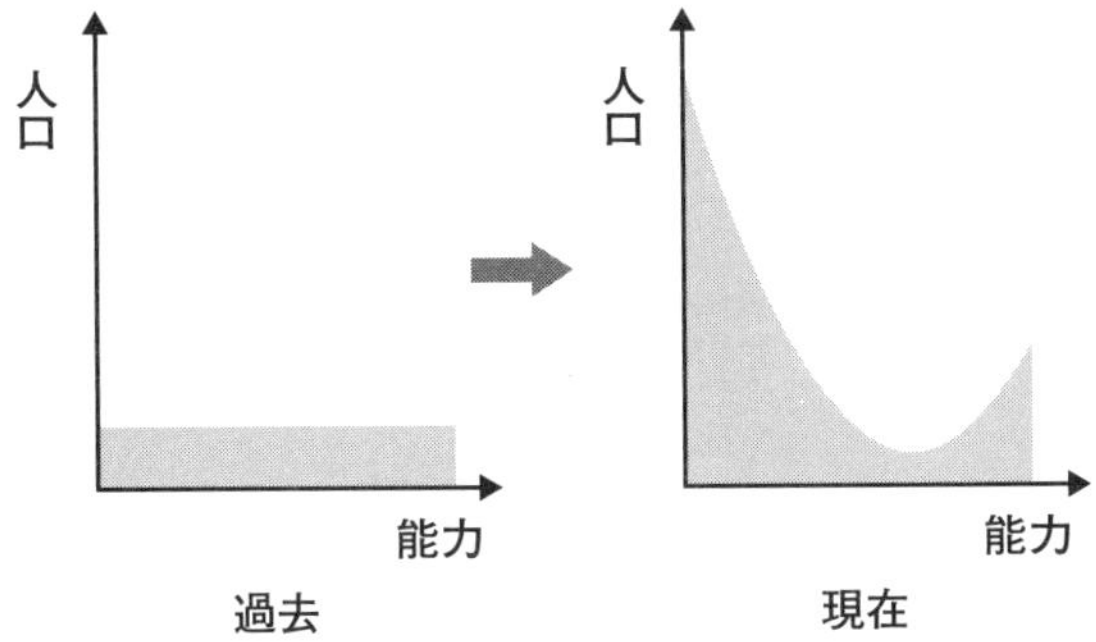
人口
能力
過去
人口
能力
現在

技術に使われる人間と技術を使う人間

生産性において、人間のタイプは「技術に使われる人間」と「技術を使う人間」の大きく二つに分かれる。技術の発達に伴って、技術に使われる人間の割合は増し、技術を使う人間の割合は減ることになる。

図の過去とは縄文時代や弥生時代のような大昔のことを指している。この時代においては、「技術に使われる」ということはなかっただろう。火をおこして料理をする、石器をつくって狩りをする、土器をつくって水を運ぶといったことは、すべて道具や技術を使う行為である。

「技術に使われる人間」の割合は、過去から未来にかけて増す。技術が発達すればするほど、技術に取り残される人間の割合が増すためである。

さらには「技術を使う人間」、「技術に使われる人間」に加えて、「技術を使って新しい技術を生み出す人間」がいる。革新的なものをつくり、世界にインパクトを与える人間である。「技術を使う人間」同様に、この割合は過去から未来に向かって低くなっている。技術が高度化するにつれて、技術を使うことが難しくなるためである。

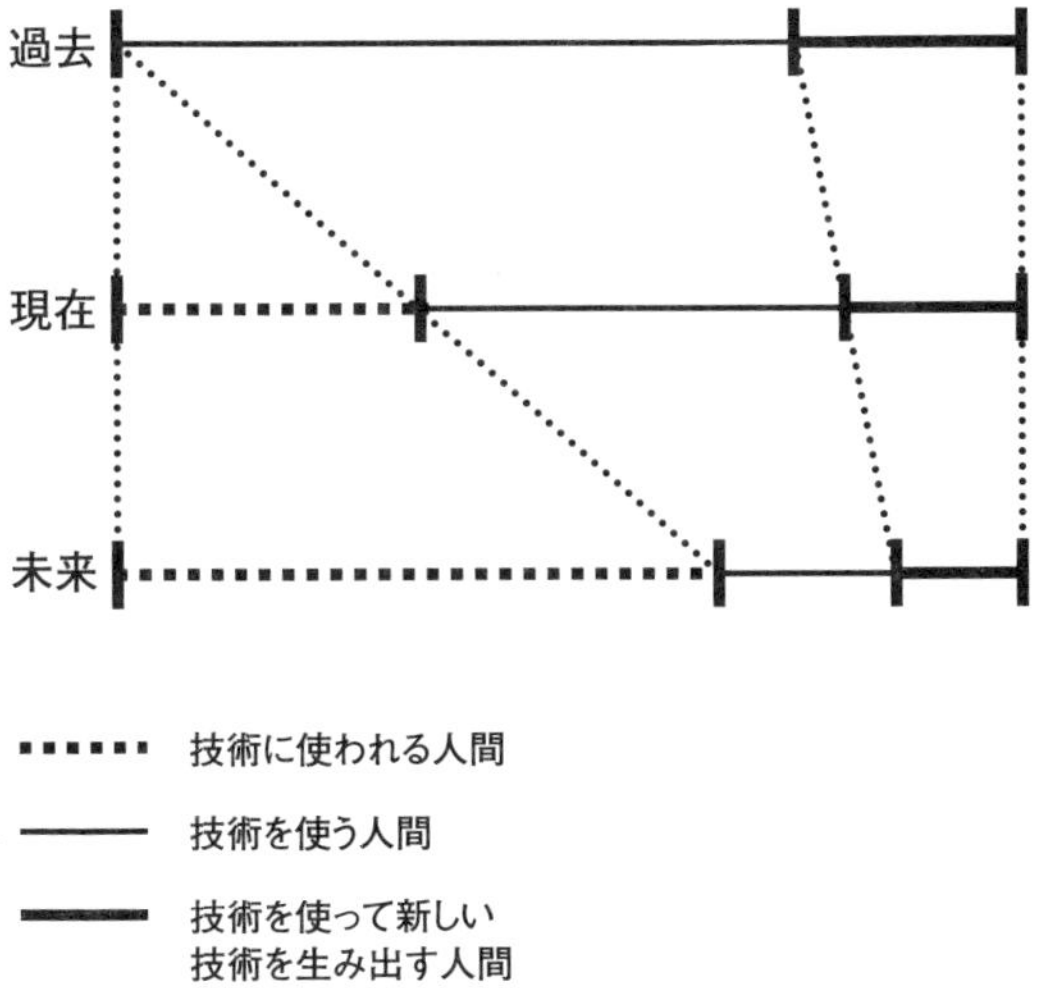
過去
現在
未来
技術に使われる人間
技術を使う人間
技術を使って新しい
技術を生み出す人間

食事と生殖行動

何かの会議で、人間とゴリラの違いについて聞いたことがある。人間は生殖行動を集団で行わないが、食事は集団で行う。一方、ゴリラは、食事は集団で行わないが、生殖行動は集団で行うのだそうだ。近い種でありながら、食事や生殖行動という基本的な行動が逆なのだ。

確かに、生き残るためには自分だけで食べればよい。できるだけ多くの子孫を残すには大勢で生殖行動をした方がよい。いずれもゴリラの方が合理的にみえる。ではなぜ人間では逆転しているのだろうか。おそらくその理由の一つに、農耕などの技術の発達によって餓えの心配が圧倒的に少なくなったことが考えられる。人間にとっての食事は自らの命を必死に守るための行動ではなく、仲間と糧を分け合いながら互いを理解し、より協力的な関係をつくる行為へと変化した。

では生殖行動はどうであろうか。生殖行動が人前で行われることはほとんどない。生殖行動を秘密裏に行う理由は、より強い種を残すためではないかと想像している。集団で行う生殖行動は性交の機会が多く子孫を残しやすいが、相手を慎重に選ばないので、より強い遺伝子を効率よく残すのには適していない。絶滅する可能性が少ない人間にとっては、生殖行動を秘密にすることは、より強い子孫を残すという目的に適していたのではないだろうか。

人間は豊かさに支えられることで、優先順位の逆転が起こっているのではないだろうか。

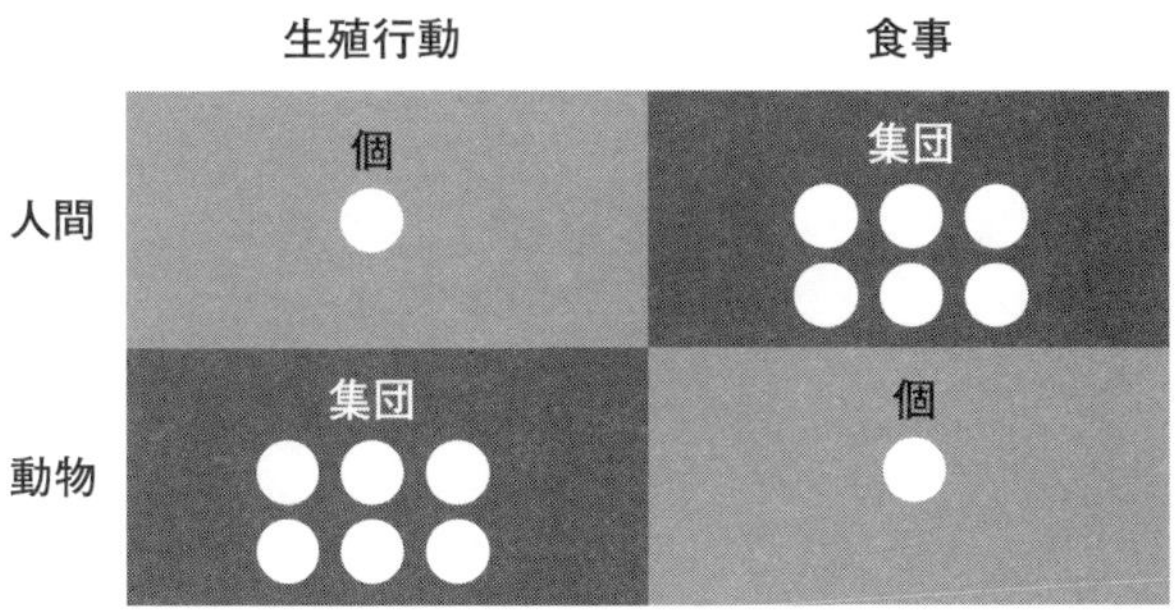
生殖行動
食事
人間
動物
個
集団
集団
個

人間の社会的価値

一般的に、人間の社会的価値は生まれてすぐに最大になり、それが死ぬまで続くと考えられている。最大と言うよりむしろ、無限であるというイメージである。

しかし、実際には価値は人間によって違うし、年齢を重ねるごとに変化する。

2012年、落語家の桂米朝師匠の米寿記念に、米朝アンドロイドをつくらせていただいた。このアンドロイドはシリコンで師匠とそっくりの見た目を再現し、機械によって本人の動きを再現している。音声は録音であり、動きと音声を対応させている。師匠は、1996年に上方落語初の人間国宝に認定されているが、その前後が最も社会的にも認知度が高く、芸も円熟しているように感じられる。同じ人間でも時代によって価値は変わるということである。

また、生命保険料は、子供の保険料は高齢者の保険料に比べて高いが、この違いは未来に対する投資という意味合いが強い。これは年齢によって価値が違うことを意味している。

普通、人間の社会的価値は誰もが平等で、生まれてから死ぬまで一定であるかのように思いがちだが、現実的にはそうなっていないのである。

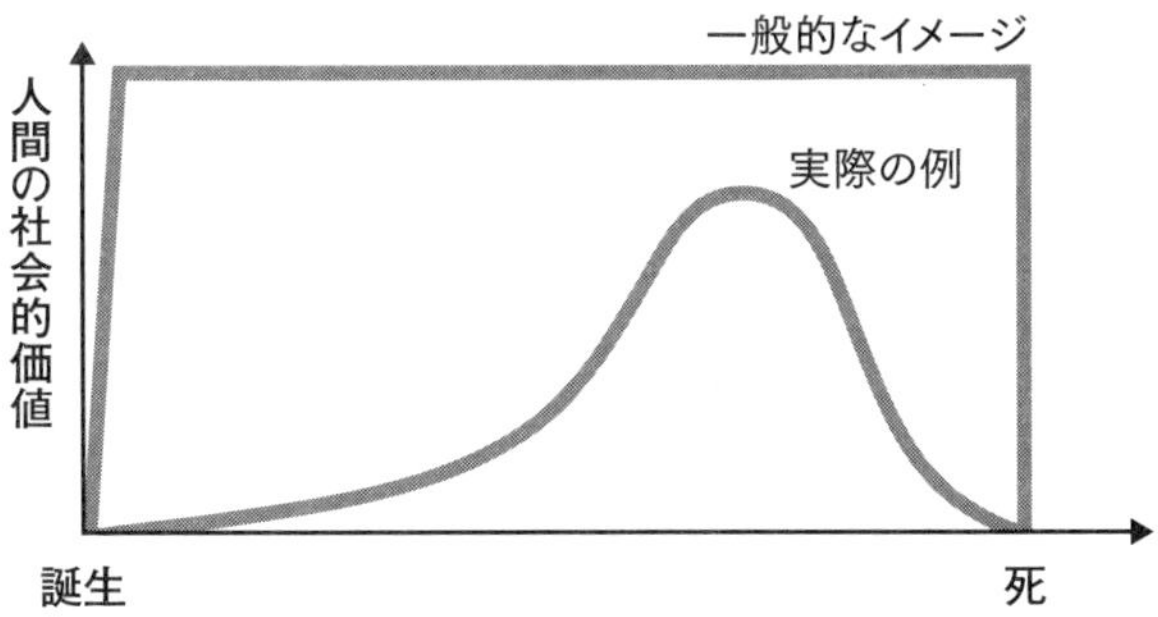
一般的なイメージ
人間の社会的価値
実際の例
誕生
死

産業と人間の命の価値

産業の価値は人間の命とバランスしている。その技術や産業から得られる利便性や豊かさをどれくらいの代償で許容しているのかを測ることができる。

例えば、日本の交通事故による死者数は毎年４０００人前後である。自動車産業はこの数字と天秤にかかった状態であると言える。もし、この数字がある年を境に、４万とか４００万となった場合は自動車産業はどうなるだろうか？　きっと自動車は非常に危険なものと見なされ、そういった社会的な認識は自動車産業の成長を大きく阻む要因となるだろう。しかし、４０００という数の現状においては、社会全体としてそのような認識はもっていない。逆に、自動車や交通システムの発達によってより多くの人たちの命が救われているという見方もできる。その産業がもたらす利便性や経済発展を、４０００人の命を犠牲にしながらも、社会全体として受け入れているということである。

情報通信産業はどうだろうか？　例えばインターネット自体が原因で亡くなる人間の数というのは、どれほどの数になるのだろうか。インターネットが突然停止すれば、株の取引はできなくなり、銀行の取引も停止する。それ以外にも非常に多くの問題が発生し、それらが原因となって、おそらくは自動車産業の４０００人よりもはるかに多い数の人間が命を落とすかもしれない。

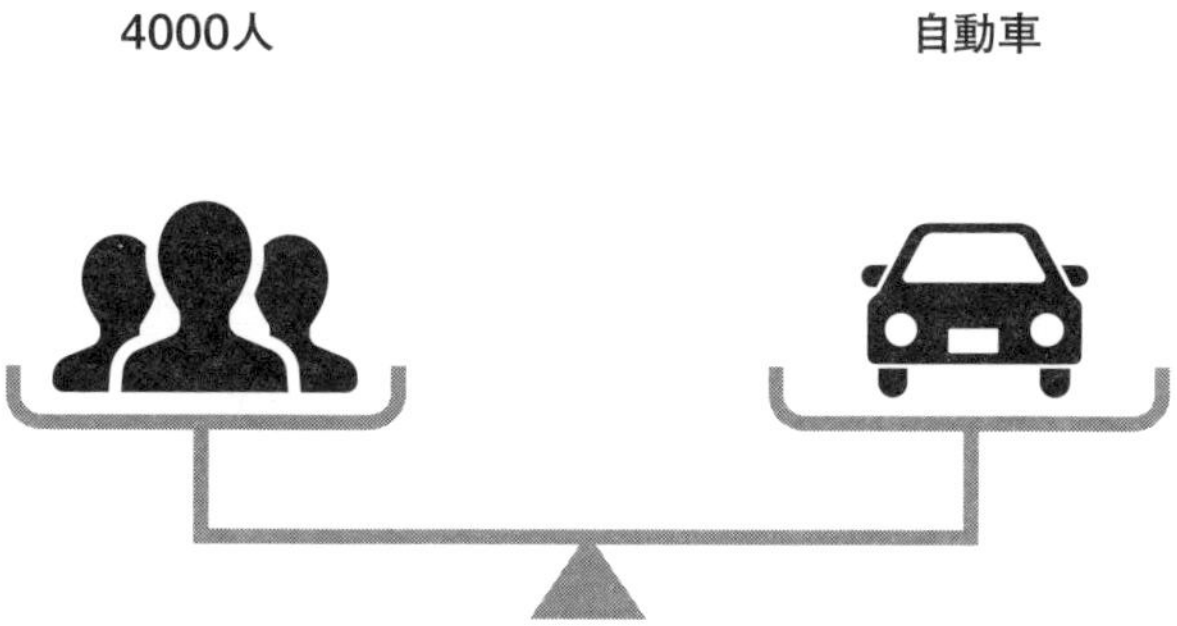
4000人
自動車

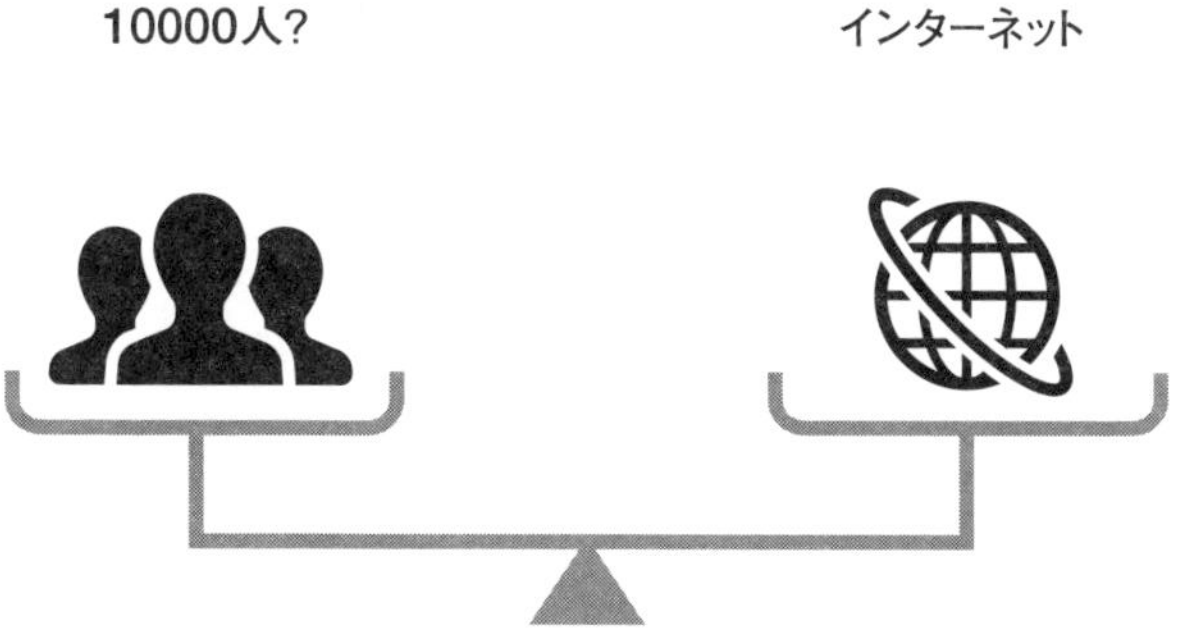
10000人?
インターネット

アンドロイドの価値

アンドロイドとしてある人物をコピーすることには、文化的にアーカイブするという意義以外にも重要な目的がある。それは、その人物の価値を上げることである。

人間はアンドロイドになることによって、死後も社会的に存在し続けることができるだけでなく、価値を再び向上させることができる。

例えば、米朝アンドロイド（44頁参照）は人間国宝になった時期、つまり全盛期の芸を再現している。「看板の一（ピン）」といった演目や小咄を、当時の声と動きで演じることができる。アイデンティティや価値のピーク時を選んでアンドロイドにすることで、当時の本人とほぼ同じように保存できるようになったのである。

本人の姿や声をそのまま再現したアンドロイドというメディアを使えば、半永久的にその人物の価値を保つことができるだけでなく、再び価値を向上させることもできる。米朝アンドロイドのように、モデルの人物のピーク時の状態で何度も演目をこなしたり、同じアンドロイドを何体もつくることができるため、人間の能力や寿命を超えて活躍し続けることができる。

永遠に価値が落ちないのかどうかは今後の検証が必要だが、アンドロイドによって人間は死後も社会に存在し続けることができるようになるのである。

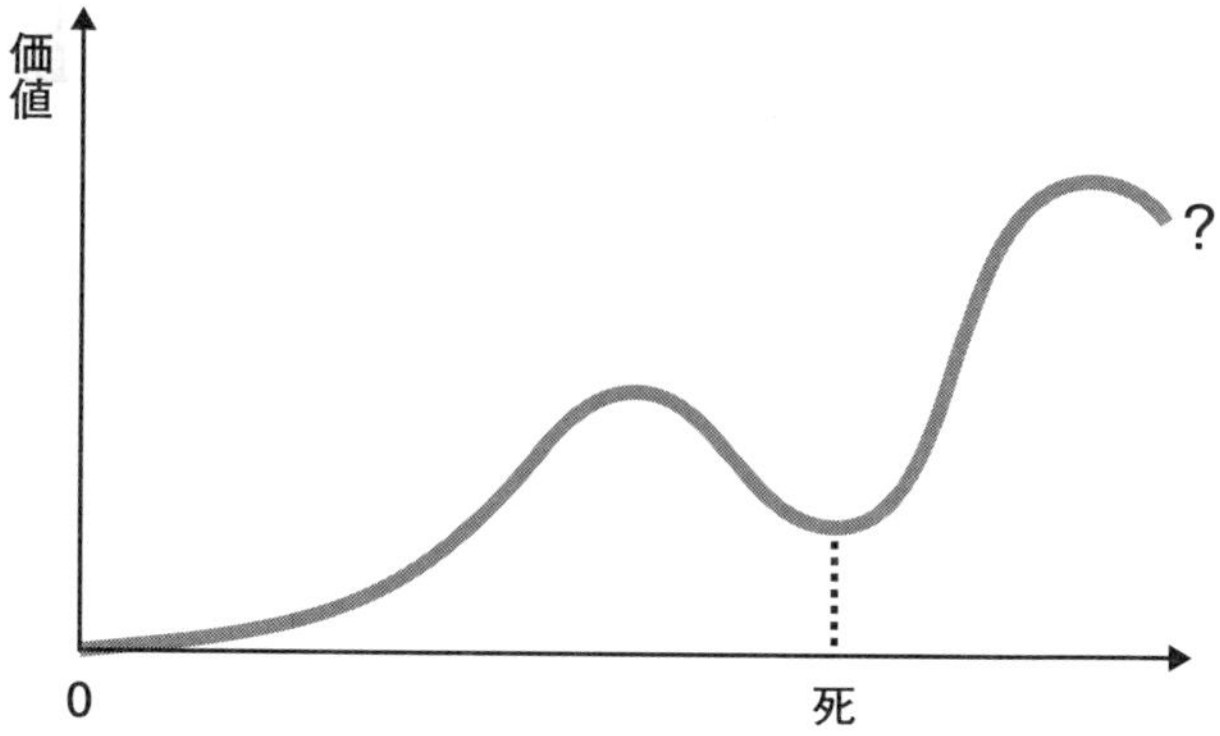
価値
?
0
死

宗教とアンドロイド

これからの社会では、宗教とアンドロイドの関係についての議論が活発になってくるだろう。人間はカリスマ的な人物や宗教的な指導者が現れれば、その人物を象徴するものを残したいと思うものだ。偶像崇拝を禁じている宗教でも実際には偶像がなくなることはない。教典や儀式だけでなく、神や指導者の姿も受け継がれているのだ。神格化されると、その人物は永遠に価値を高めていくことになる。

影響力の強い人物のアンドロイドを残せれば、単なる偶像以上の影響力を残せるかもしれない。偶像と違って、アンドロイドならば姿かたちだけではなく、動きや声も残すことができる。人間らしさや存在感も失われることはない。これから先、新たな宗教が誕生し、何世紀先の未来にも残っているとする。当然、教祖は亡くなっているが、アンドロイドというメディアに教祖をコピーすることによって、いつの時代もまるで教祖が生きているかのように宗教的儀式を執り行うことができるようになるかもしれない。

こういったアンドロイドの使い方は、宗教的なものにとどまらないだろう。世の中にはカリスマと呼ばれる人間がいる。カリスマ的な歌手やアイドルなどのもっともよい時期をコピーすれば、半永久的にパフォーマンスを再現できたり、本人の代わりに世界中で活躍できる。

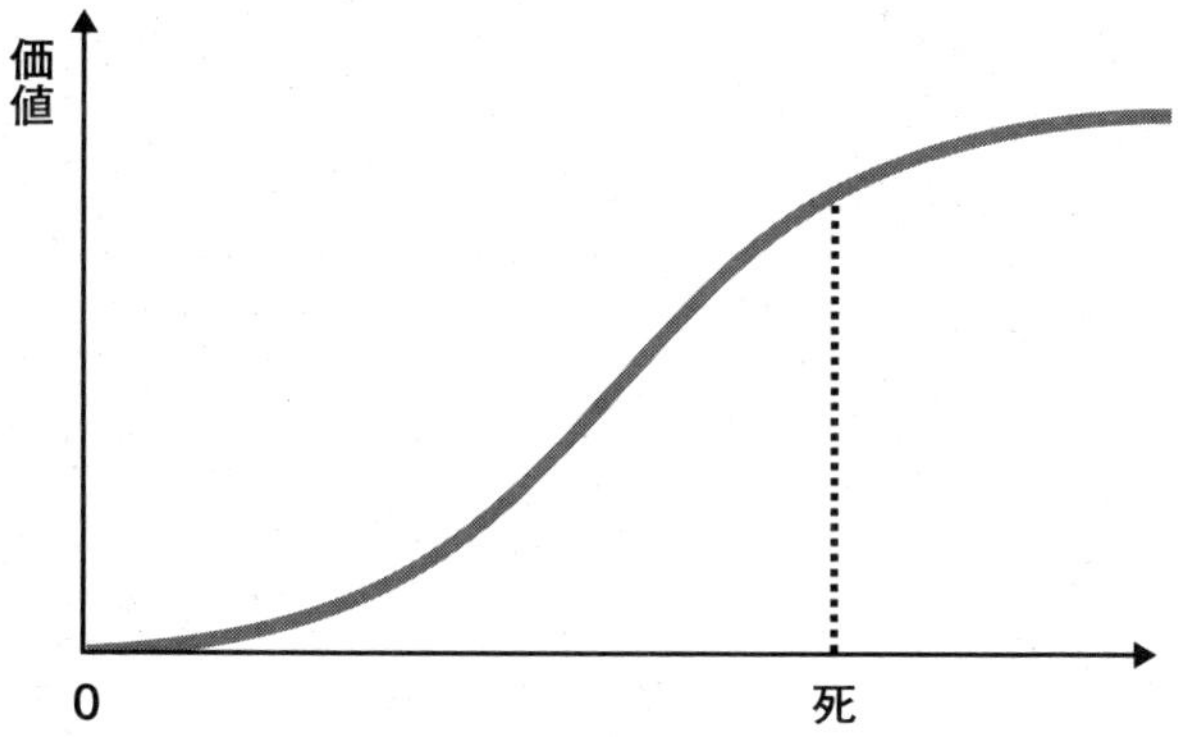
価値
0
死

第3章

人間とは何か、ロボットでどう再現するか

欲求、意図、行動

人間の欲求や意図を理解するロボットができれば、人間と親和的に関わることができる。しかし、人間の欲求や意図を理解するためには、ロボット自身が欲求や意図をもたなくてはならない。人間は「おなかが減ったから何かを食べたい」という自覚があるからこそ相手の食欲を理解できる。つまり、ロボットにも人間がもつような欲求や意図をもたせる必要がある。

動物にはほぼ意図がなく、欲求からいきなり行動に移る。おなかがすけば目の前の草を食べたり狩りを行う。人間には欲求と行動の間に意図という中間状態が存在する。これが他の動物にはない人間がもつ頭のよさであろう。

意図とはその欲求を達成するために計画することである。例えば、おなかがすけば「何をどこで食べよう」などと考え行動に移す。当然、欲求に先立って計画することもできる。

行動は意図を実行し欲求を満たすことである。

このような人間らしい構造をロボットにプログラムすれば、ロボットは人間の欲求や意図を理解できるようになり、その理解に基づいて人間と関わることで、より人間らしく、より人間に親和的なコミュニケーションロボットが実現できるだろう。

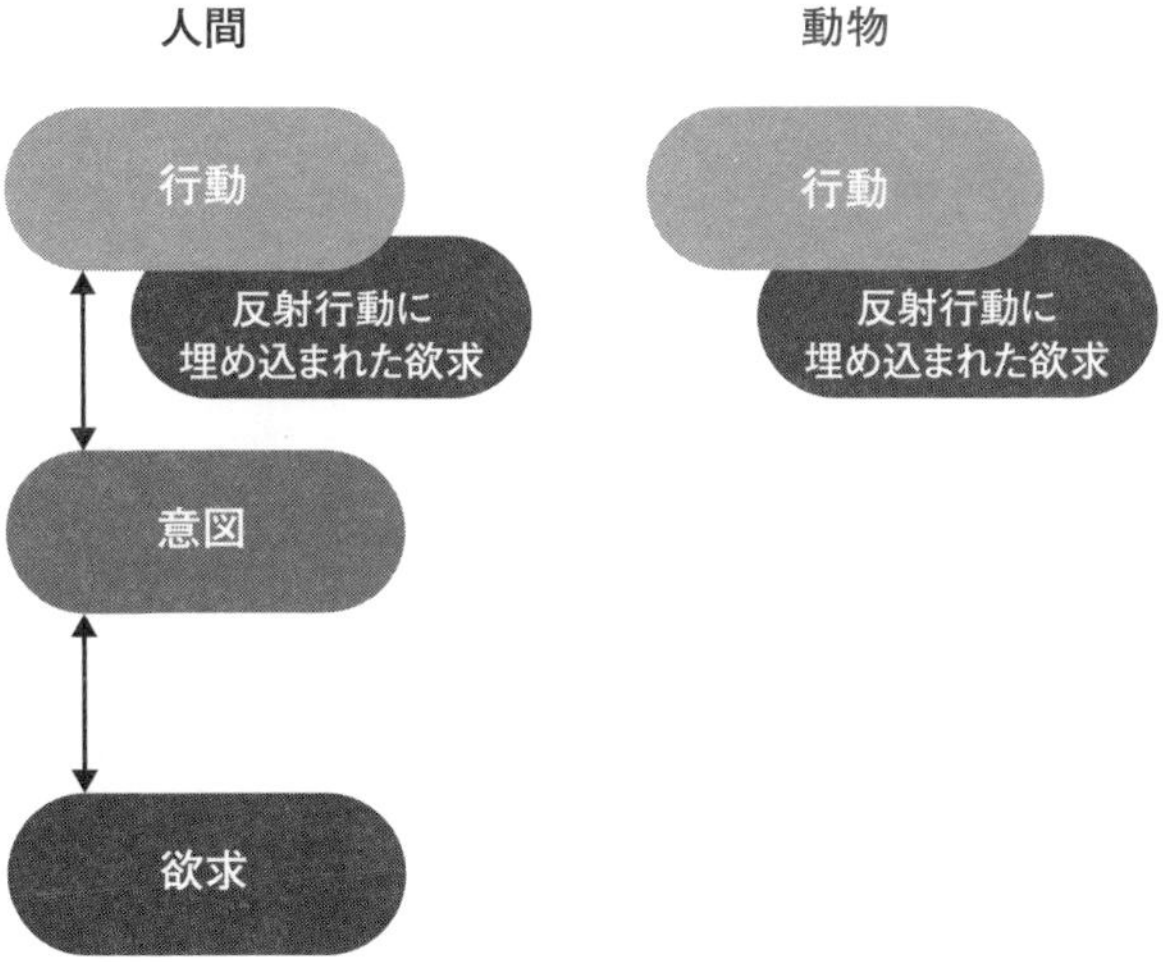
人間
動物
行動
反射行動に
埋め込まれた欲求
意図
欲求
行動
反射行動に
埋め込まれた欲求

欲求や意図をもつロボット

図のモデルは欲求がさまざまな意図を起動させ、意図がさまざまな行動を起動させるようになっていることを示している。欲求がさまざまな意図の中の一つに働きかけ、スイッチが入った意図が何かしらの行動に働きかけるという概念的モデルである。

今までのロボットには欲求や意図はプログラムされていなかった。発話と動作のネットワークとプログラムが組まれていただけで、欲求や意図はなかった。

欲求が意図を生み、意図が行動や発話を生むという、まさに人間のようなアーキテクチャを実現することができれば、単純な一問一答をするだけの対話能力を超える能力を有したロボットができるだろう。人間の欲求や意図を理解でき、深い関係を構築できるだろう。

現在、このようなアーキテクチャを基に開発が進んでいるロボットとして「ＥＲＩＣＡ（エリカ）」がある。エリカは、音声認識を用いて人間と自然に対話する研究開発用プラットフォームのアンドロイドである。エリカには現在の技術で可能な音声認識、音声合成、動作認識、動作生成の技術が実装されている。限られた状況の中で、ごく限られた欲求と意図を基に行動する。

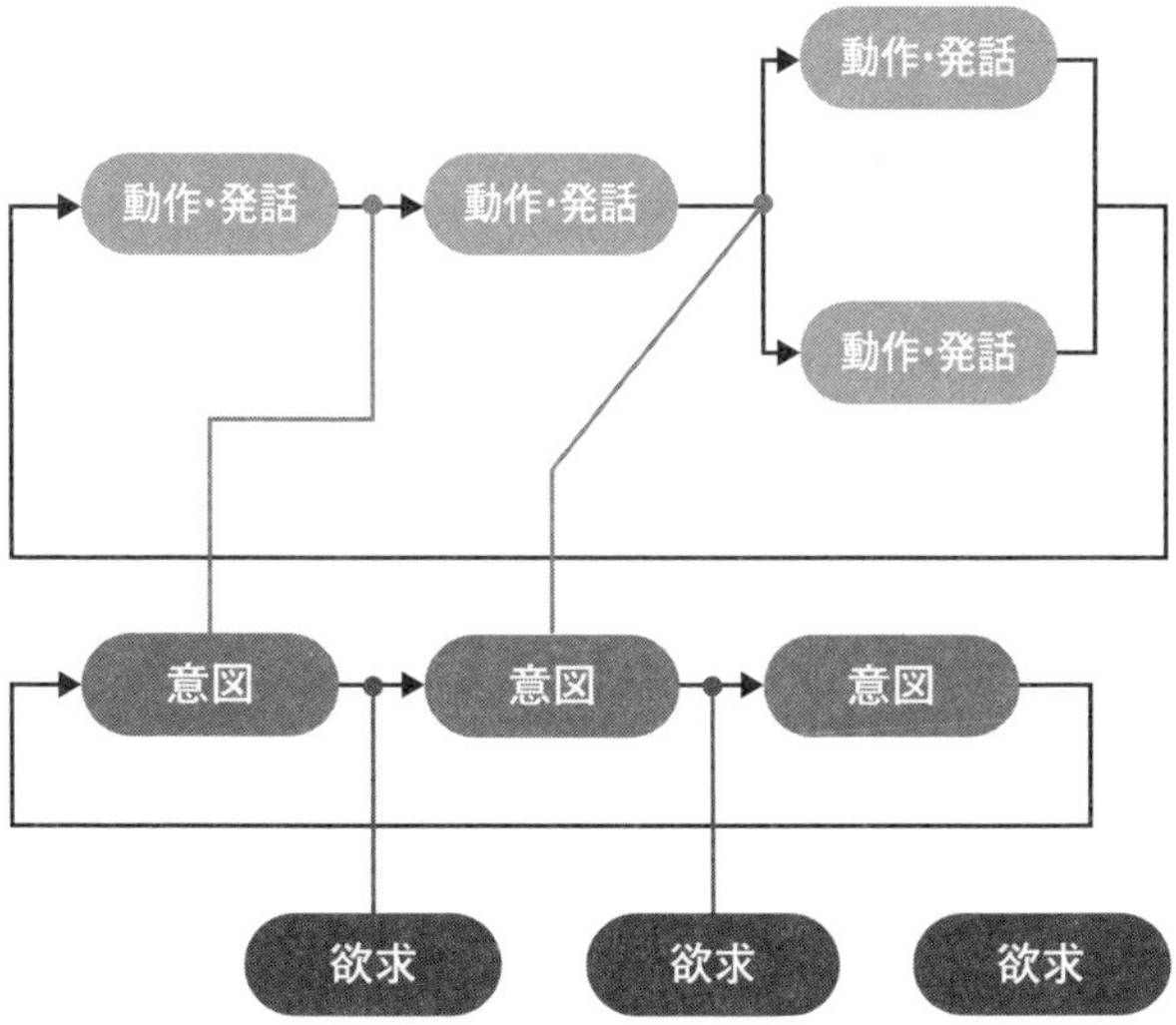
動作・発話
動作・発話
動作・発話
動作・発話
意図
意図
意図
欲求
欲求
欲求

意図の共有

意図があるということが、人間の「他者を思いやる」とか「愛する」という行為に大きな影響を与えている。人間は他の動物と違って、欲求からそのまま行動へ移ることはなく、その間に意図が存在している。

自分に意図があるから、相手の意図を探ろうとする。相手は何をしたいのだろうかとか、どうすれば相手が喜んでくれるのだろうかと考える。これは相手の意図を理解しようとしていることに他ならない。例えば相手が旅行に行きたがっていたとしたら、そこに誘ったり計画を立てたりする。このような意図の共有が、お互いに気を遣ったり愛し合うという状態である。より人間に親和的に関わることができるロボットを実現するには、このような関係を人間とロボットの間で実現しなければならない。

人間と意図を共有できるロボットは、例えば、人間を裏切ることは少ないだろうし、人間の都合に合わせて行動することもできる。また、人間は時に人間よりもロボットを信頼する（この現象はすでにさまざまな場面で確認されている）。

だから、ロボットがさらに進化すれば、人間とロボットは今まで以上に親和的な関係を築くことができる。

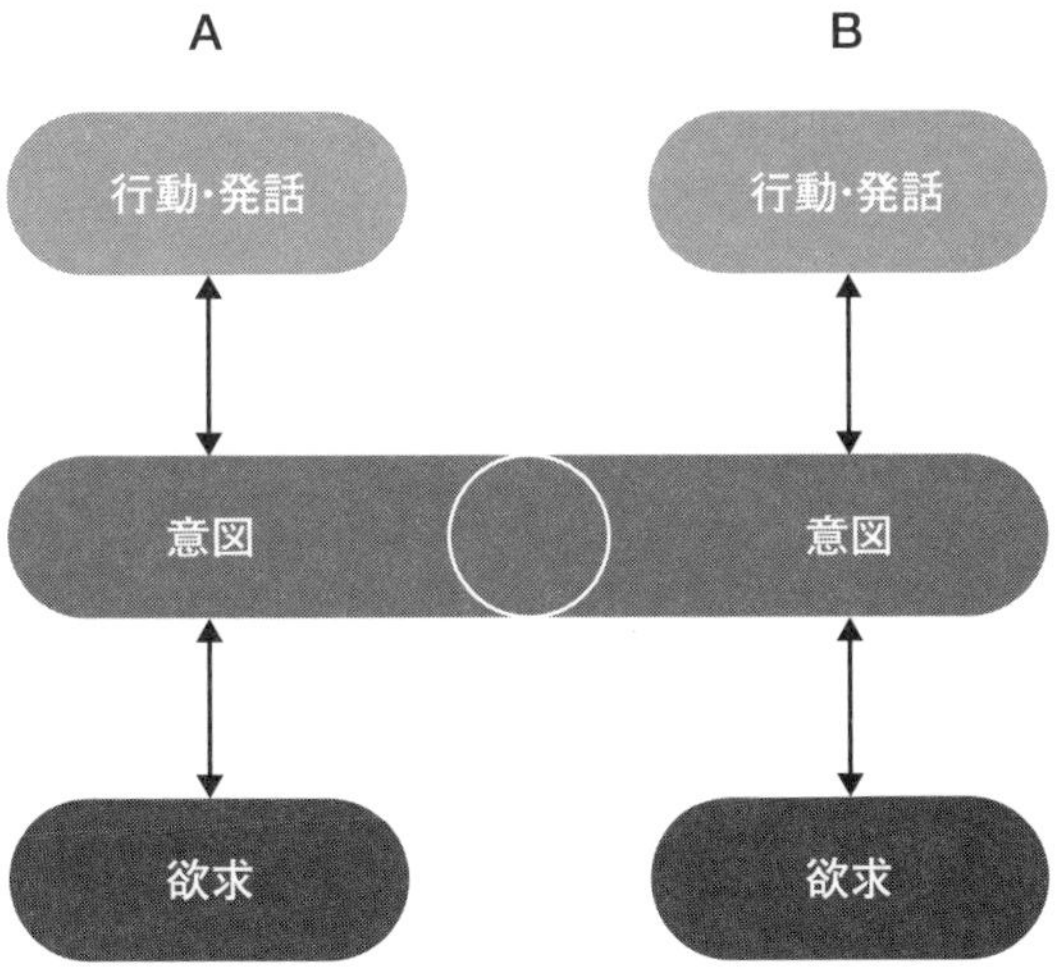
A
B
行動・発話
行動・発話
意図
意図
欲求
欲求

アイデンティティとエクスタシー

アイデンティティは自分と他者を区別することで確立される。

一方で、他者と欲求や意図を共有することで、個の境界を取り払って、自分にはなかった欲求や意図を知り、それを自分に取り込むことができる。この状態は言わばエクスタシーと呼ばれる状態である。そして、再び自分と他者を区別し、アイデンティティを確立することで、自己は成長していく。

また、エクスタシーによって、他者と欲求や意図を共有することは、自分のもっている欲求や意図と、他者のもっている欲求や意図を比較する機会を得ることでもあり、それは自己を認識するためにも重要になる。

しかし、欲求や意図の共有を続けすぎると、アイデンティティが失われ、自己が崩壊していく。自分が自分であるということがわからなくなってしまう。

エクスタシーによって他者と融合し、他者から学び、アイデンティティの確立を通して自己を確固たるものにする。これが、人間が社会の中で成長するということである。

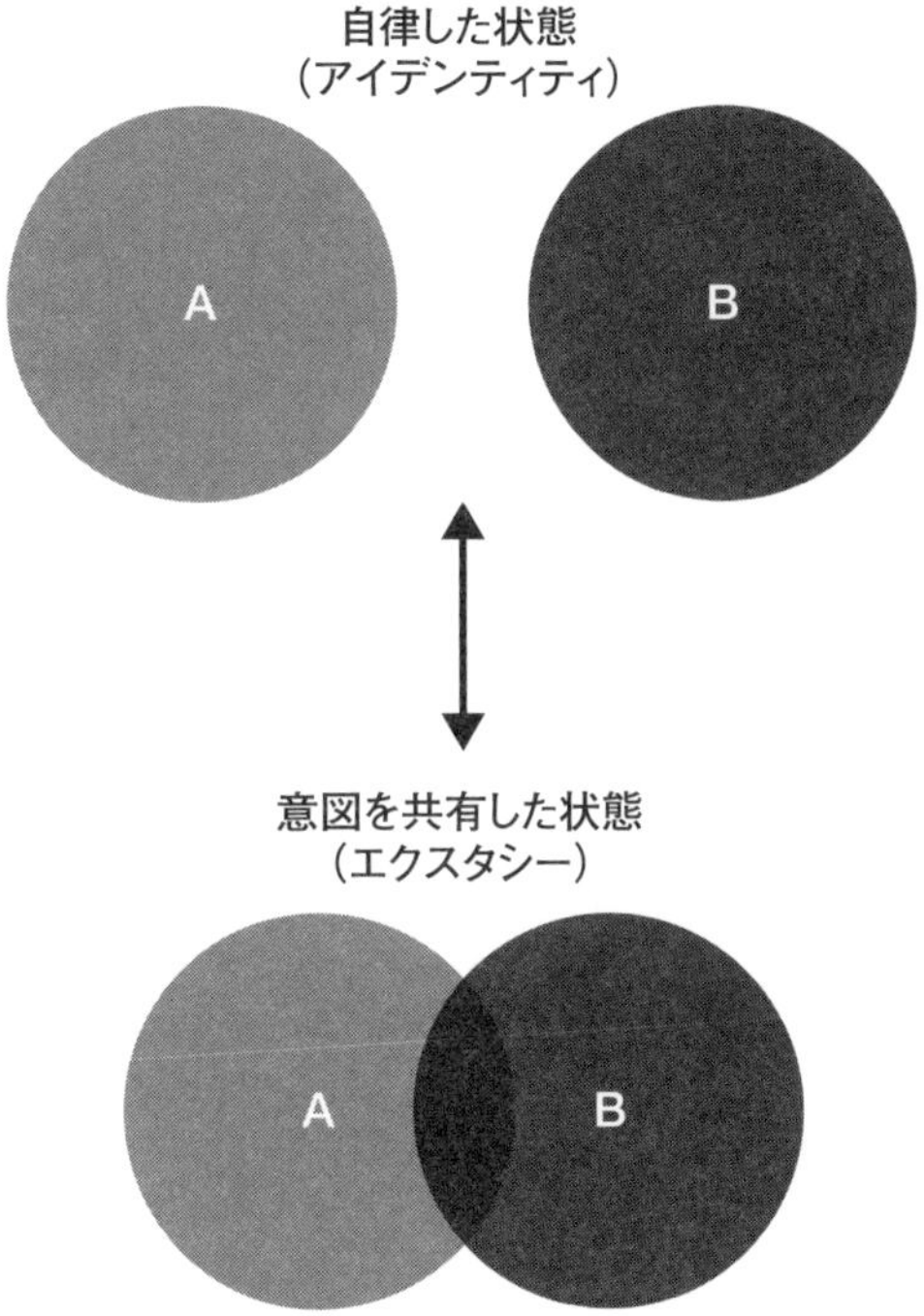
自律した状態
（アイデンティティ）
A
B
意図を共有した状態
（エクスタシー）
A
B

本能の認識（本能のパラドクス）

本能は自分の中のどこに存在しているのだろうか。

本能は生物として最初から備わっている。我々は本能に従って計画・行動していると思っている。しかし、よく考えてみると、人間は最初、自分の本能に気が付いていないことが多い。本能に基づく自分の行動を客観的に認識してはじめて、本能の存在を知ることになる。本能を知るまでは、自分がなぜそのような行動をしているかは理解していない。本能の概念を知るまでは、例えば「食欲」が何なのかわからないのである。動物は本能という概念を知らないため、ただただ反射行動のみに従って生きている。

行動を客観的に観測し、自らの本能に気付き、自らを理解する。そして、その本能（欲求とも呼ぶ）を満たすために、意図をもって行動する。意図を伴う行動においては、自らと環境の関係を認識する必要があり、つまりそれは、自らと世界との関係を理解することである。すなわち、意図や欲求（本能的欲求）をもつということは、自らと世界を認識することでもある。

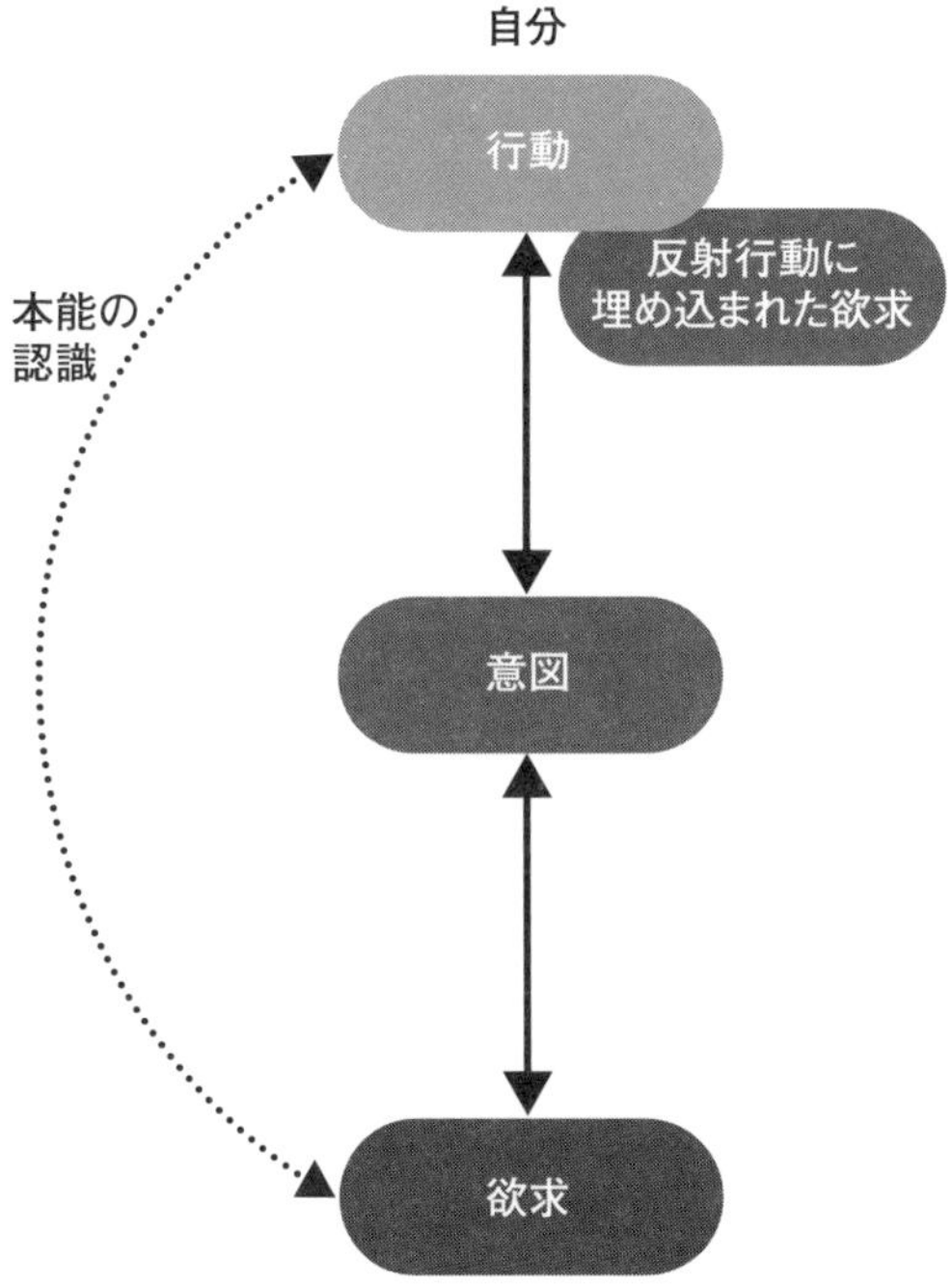
自分
行動
反射行動に
埋め込まれた欲求
本能の
認識
意図
欲求

より人間に近いロボットのアーキテクチャ

まだ仮説の段階であり、ロボットにも実装できていないが、近い将来、埋め込まれた欲求や意図に自分自身で後から気が付くというロボットが必要になってくるだろう。より人間らしさを再現するためである。

人間は、他者の欲求や意図を概念的に理解するためには、自分自身に対する概念的な理解が必要となる。自分自身の欲求を理解することで、他者の欲求も理解できるようになる。欲求や意図にとどまらず、自分自身の能力や好みなどの理解が進めば進むほど、適切な意思決定や行動がとれるようになる。当然、他者への理解も深まるため、より適切なコミュニケーションをとれるようになる。

欲求や意図の相互作用に、知覚や記憶といった要素も加わる。

欲求や意図、行動の履歴は記憶される必要がある。知覚を伴う行動の記憶を介して、自らの欲求に気付き、環境を認識しながら、その欲求を満たすための意図を生成することができる。気が付いた欲求も生成された意図も、もちろん記憶されていく。

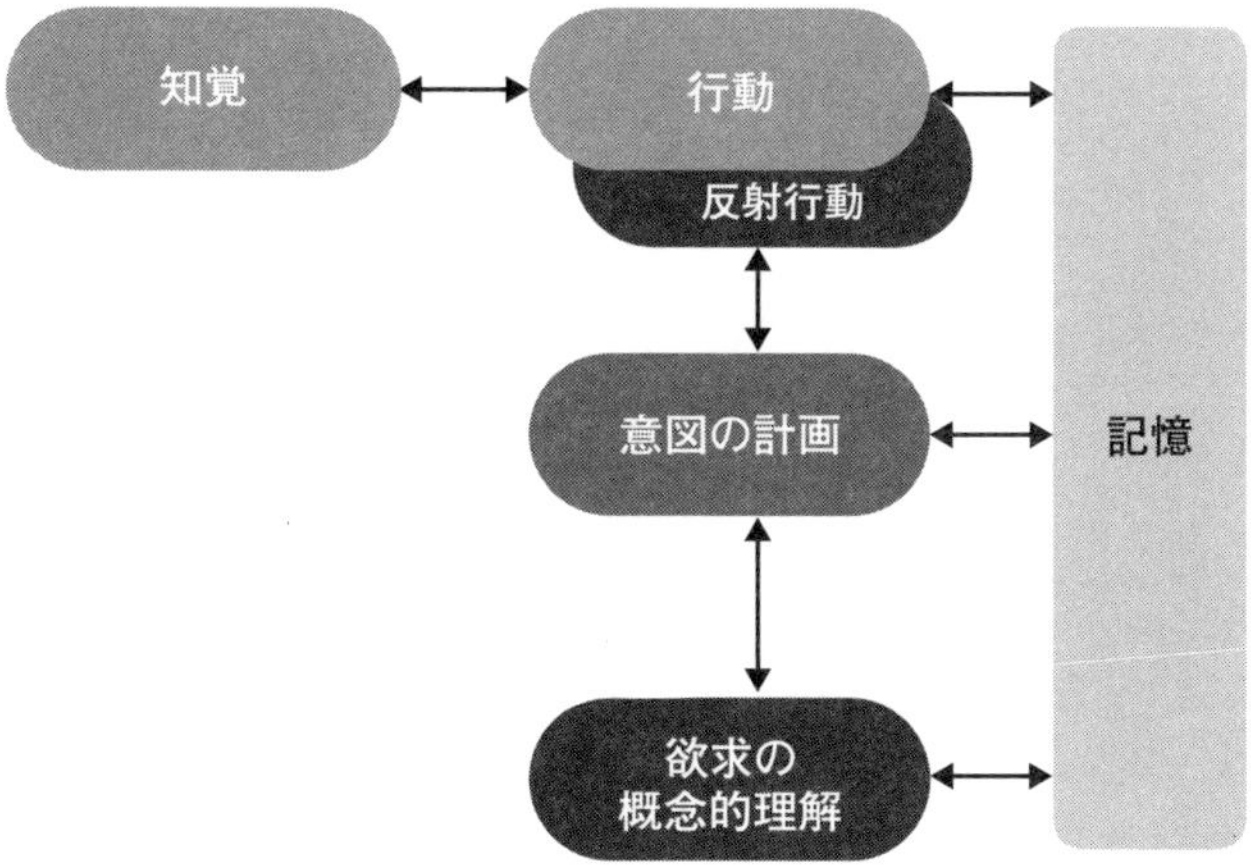
知覚
行動
反射行動
意図の計画
欲求の
概念的理解
記憶

感覚と行動

通常、人間は何かを感じたり思ったりしたことがきっかけとなって行動していると思いがちである。しかし実際には、感覚と行動が同時に起こったり、行動してから何かを感じたりする。例えば、野球選手のイチロー氏は、子供の頃に親からバットとボールを与えられたから野球を好きになったのであって、好きになったから野球をはじめたのではない。感じるから行動することもあれば、行動するから感じることもある。感覚と行動は一方通行ではない。

人間は意識できないことを認識することはできない。反射行動として埋め込まれた欲求に気が付くのも、認識能力が十分に高まった年齢に達してからである。感覚と行動も同じで、最初は感じるから行動すると思っているのであるが、自分の感覚や行動を十分に客観視できるようになってから、実は行動するから感じるということもあるのだと気が付く。

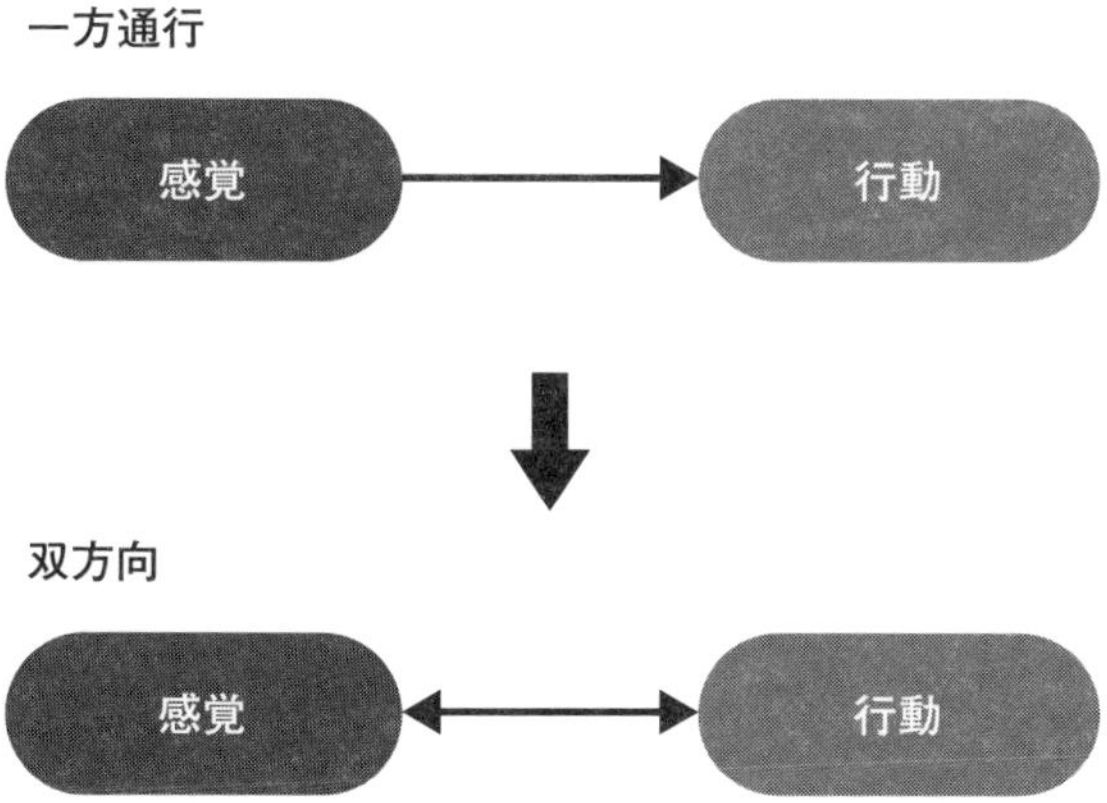
一方通行
感覚
行動
双方向
感覚
行動

対話の意味

人間は誰かと関わるとき、「心」と「身体」の交わりの上に「話す（対話）」という行為を用いる。対話とは、相手の心を知りたいという思いと、身体を重ね合わせることの中間状態である。つまり、対話とは心のつながりでもあり、身体のつながりでもある。

対話とはもちろん、声や身ぶり手ぶりを使って、すなわち身体を使って行う行為である。しかし一方で、人間の内面から発せられる言葉の交換を通して、互いを知るという行為でもある。すなわち対話は、心と身体の間にあって、双方をつなぐ役割をしていると考えられる。

ロボットと人間の関係においても、同様に対話は重要である。言葉だけのやりとりだけでは十分に意思疎通できない。身ぶり手ぶりや触覚、表情など、身体のもつさまざまなモダリティを介して関わることで、人間はそのロボットに人間らしい存在感を感じることができ、またロボットも、人間の言葉に表れない多様な情報を読み取ることができる。

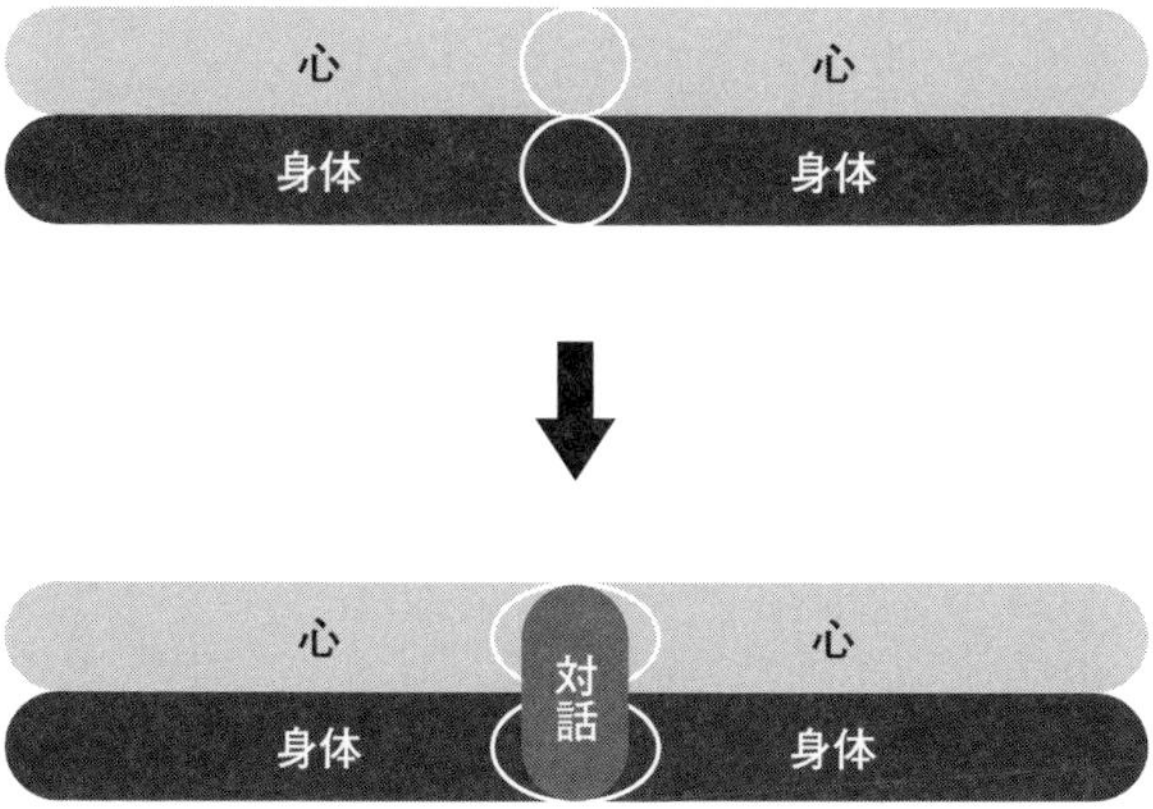
心
心
身体
身体
心
心
対話
身体
身体

感情のモデル

図はRussellの円環モデルと呼ばれる、覚醒-眠気と快-不快の二つの軸で感情を表現したものである。非常に単純でありながら、感情のすべてを俯瞰できる。感情をロボットに実装するためのモデルとして、さまざまな研究で用いられている。感情を実装できれば、人間の感情を察知できたり、ロボット自身の意図や欲求をより人間らしく表現できる。

実際に、ジェミノイドFという人間の女性にそっくりなアンドロイドはこのモデルを使っている。ジェミノイドとは遠隔操作型のアンドロイドであるが、過去に新宿タカシマヤに展示されたジェミノイドFには、感情や行動のモデルをあらかじめプログラムし、センサを使って周囲の状況を把握しながら、Russellの円環モデルに基づいた表情や動作を行う機能を実装した。

具体的には、人間に感情を伝えることができる表情や声を組み込んでいる。例えば、覚醒-眠気の軸に沿って感情を変化させるためには、目の開閉の動きや声の大きさを変化させる。快-不快の軸に沿って感情を変化させるには、広角の上げ下げを行う。このような感情に関わるさまざまな要素が、周りの状況に応じて変化するようにプログラムされている。

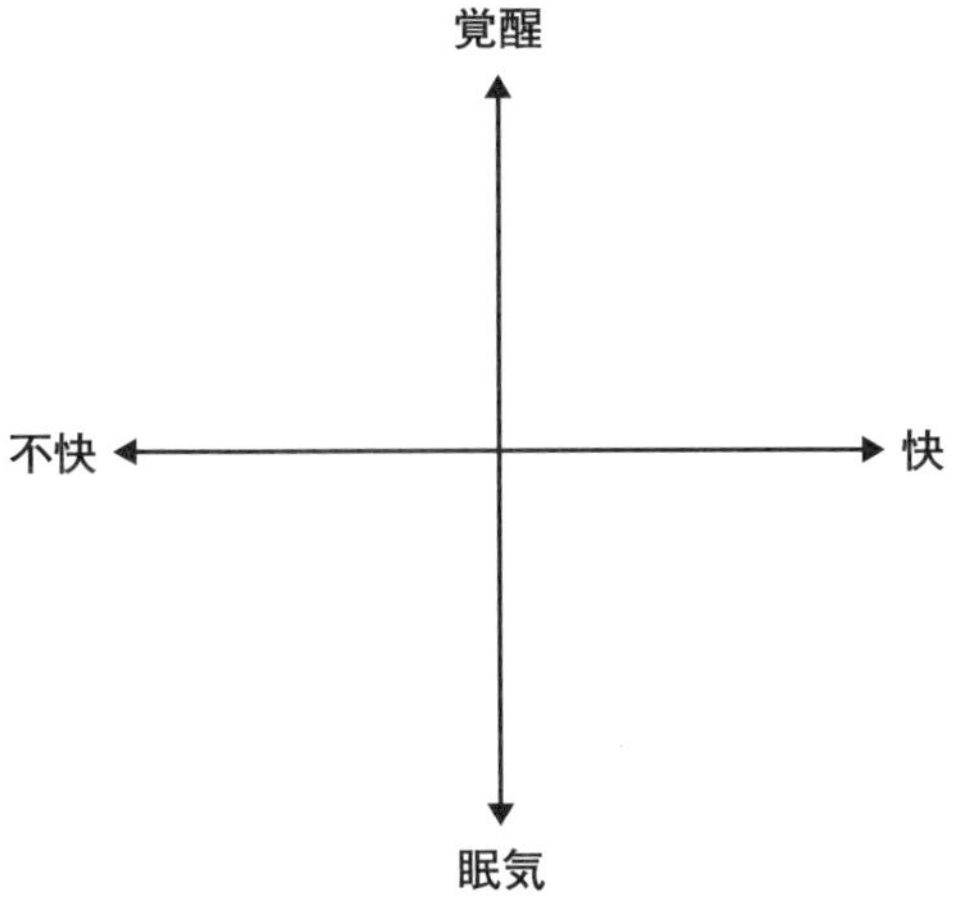

例

不快 ←→ 快

●口角を下げる、上げる

●声音を暗く、明るく

覚醒 ←→ 眠気

●目を見開く、閉じ気味

●声を大きく、小さく

人間の基本的な性質

図は、人間は「自律」「信頼」「想像力」の三つで成り立っているという仮説を示している。私はこれら三つの要素が社会の中で最も人間らしいものをつくり上げていると考えている。つまりこれらの性質を備えることができれば人間らしいロボットの実現に近づくと考えている。

人間は自律的に意思決定することができる。もちろん社会から大きな影響を受けるのであるが、個々でアイデンティティをもって活動できることが人間の重要な性質である。

動物は仲間同士を信頼しているかもしれないが、プログラムされた信頼である。階級的、固定的な信頼である。一方、人間は柔軟に信頼を扱うことができる。人間の場合は、人間に対する信頼はさまざまな状況に応じて変化する。同じ人間に対しても状況に応じて信頼度が変わる。この人間的な信頼は社会を構成するために非常に重要である。信頼が成り立っている社会だからこそ、すべてのシミュレーションを行う必要がなく、効率的なシステムを築くことができる。

想像力があるということは知能の高さを示している。人間にはいつも十分な情報が与えられているわけではない。世界は複雑だから、想像力がないと世界をモデリングできない。また、世界をいろいろとつくり変えることもでき、世界を自由に広げることができる。代表的なものは、インターネットである。物理的な制約を越えた、まさに想像力がもたらした世界である。

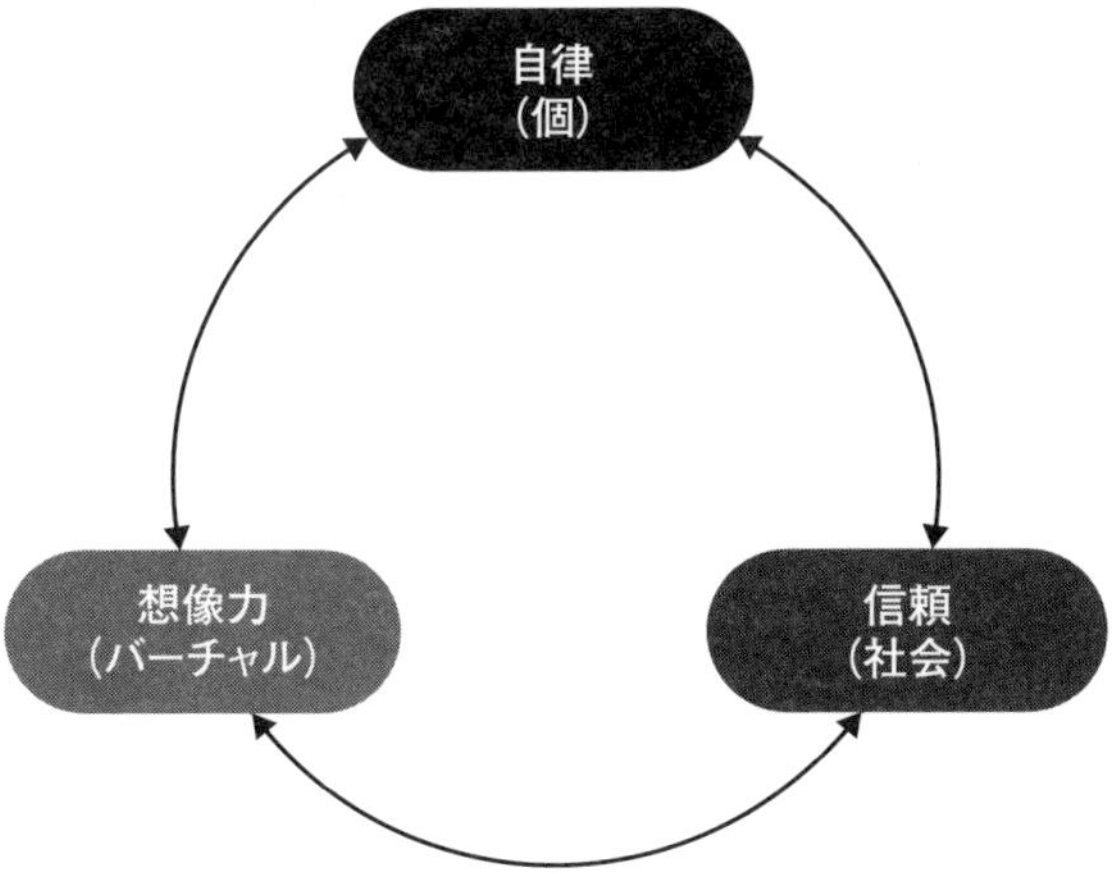
自律
(個)
想像力
(バーチャル)
信頼
(社会)

モダリティと想像

人間が人間らしいロボットを見たとき、たとえどんなに人間らしくても何か一つだけでもおかしいところがあると、急激に違和感を抱くようになる。声やにおいなどがどんなに精巧に再現されていたとしても、動きが人間らしくなければそれは人間ではないと確信する。

この「動き」や「声」、「におい」など、人間らしさを表す要素をモダリティと言う。人間らしさを目指すロボットにおいて、モダリティが多い状態だと、違和感を抱かれやすい可能性が高くなる。

逆に、モダリティを減らし、人間らしい特徴を削ぎ落とすとどうなるか。そうすると今度は、人間が足りないモダリティを自身の想像で補うようになる。足りないモダリティを受け手が都合よく補うため、精巧さを目指したアンドロイドよりも人間らしい印象を与えることができる。

ハグビーは、携帯電話を装着しハグしながら通話を行えるコミュニケーションメディアである。ハグビーは通話相手の「声」と人間のような形のクッションを抱くことによる「感触」のたった二つのモダリティによって、使う人間に通話相手の存在感を与えることができる。

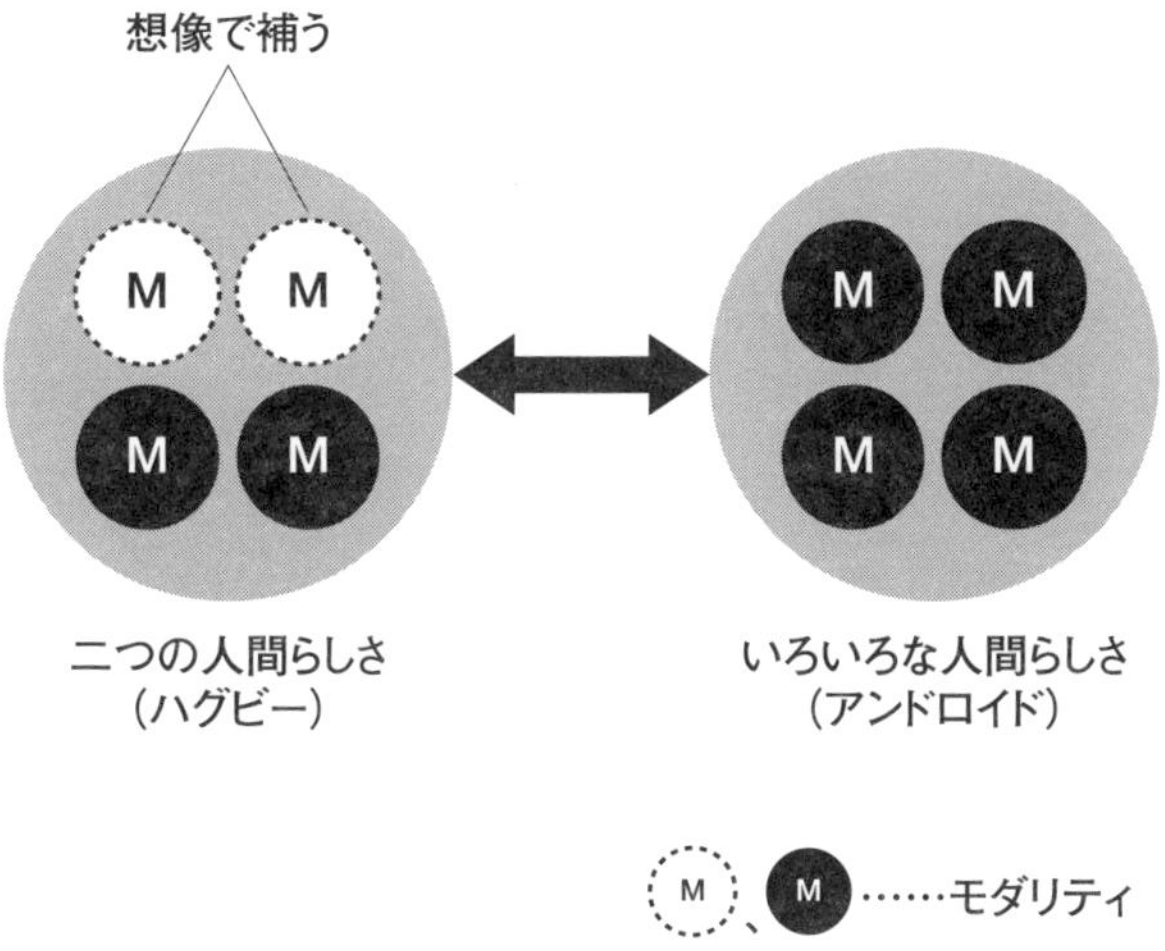
想像で補う
M
M
M
M
M
M
M
M
二つの人間らしさ
(ハグビー)
いろいろな人間らしさ
(アンドロイド)
M、M……モダリティ

不気味の谷

不気味の谷とは、ロボット工学者の森政弘氏が提唱した概念である。機械的で単純なロボットから人間らしいロボットに近づいてゆくと、徐々に親近感が増してゆくが、ある点を境に急激に親近感を失い不気味な感覚を抱かせる。

人間らしさを追及したアンドロイドは、モダリティが非常に多いがためにちょっとした違いが違和感になり、不気味の谷へ落ちやすい。しかし、人間と見分けがつかないくらいの精度になると、再び印象が好転して親近感がもっとも高いアンドロイドになる。

人間は、人間に似ている何かを見るとさまざまなモダリティを詳細に観察する。そして、自分の頭の中にある「人間らしさ」のモデルと目の前のそれを比較する。その比較において少しの違いが大きな違和感を生み出す。これが不気味の谷である。

2001年に私の娘をモデルにした子供のアンドロイド「リプリーR1」をつくった。当時は十分な研究費がなかったため、機械で人間らしい動きを十分に再現することが難しかった。遠目から見れば自分の娘にしか見えない出来栄えだったものの、とれる動きが限られており、ぎこちなかった。人間らしい見た目でありながら違和感を与える動きだったため、見る人を気味悪がらせることになった。

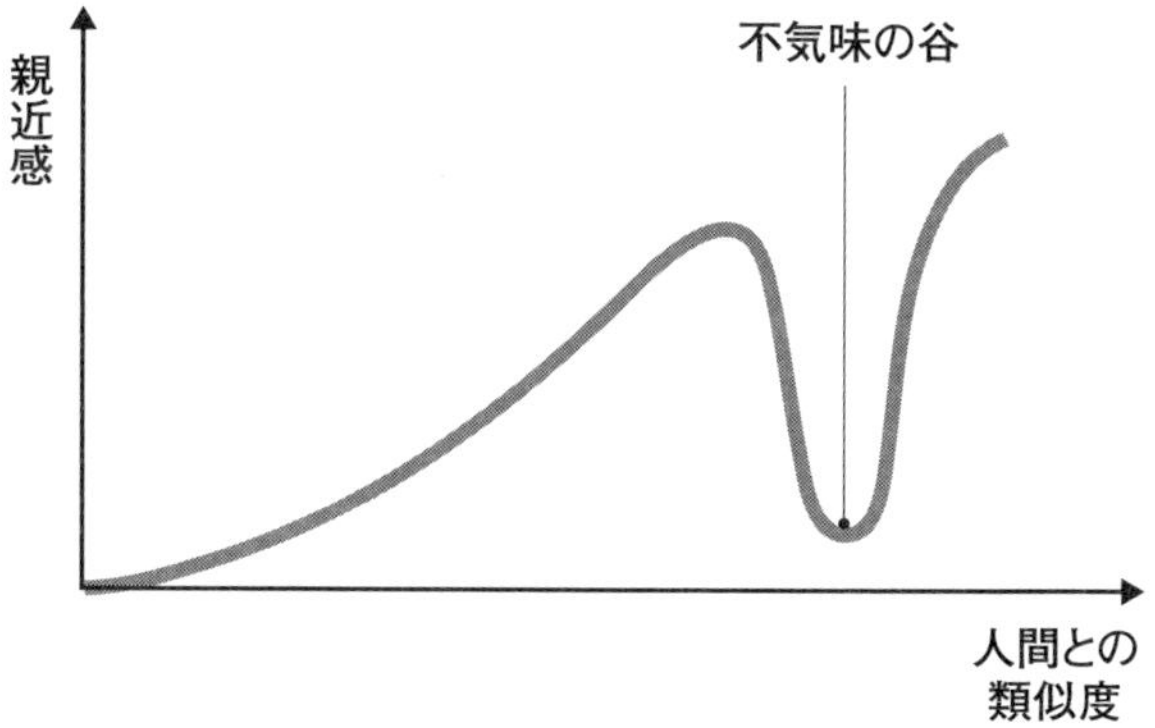
不気味の谷
親近感
人間との
類似度

不気味の谷の克服

不気味の谷（76頁参照）からわかるのは、人間は、人間とロボットを区別したがっているということである。

ロボットが、アニメや映画のキャラクターのようにロボット然としていれば、親近感をもって受け入れる。ところが、精巧さを追求した人間そっくりのロボットにおいて、一つでも不完全な部分があると、見た人間は不気味さを感じてしまう。

では、どうすれば不気味の谷を克服できるのか。大きく二つの方法がある。人間らしい外見の精巧さを追及する方法と、モダリティを削ぎ落として観察者の想像でモダリティを補ってもらう方法である。

前者の方法でつくられたロボットはジェミノイド（70頁参照）である。後者はテレノイド（80〜83頁参照）である。ジェミノイドは人間と見間違えるほど精巧な外見や動きをしており、まさに人間らしい。一方でテレノイドは人間らしさが削ぎ落とされている。それにも関わらず、人間らしさを感じさせることができる。

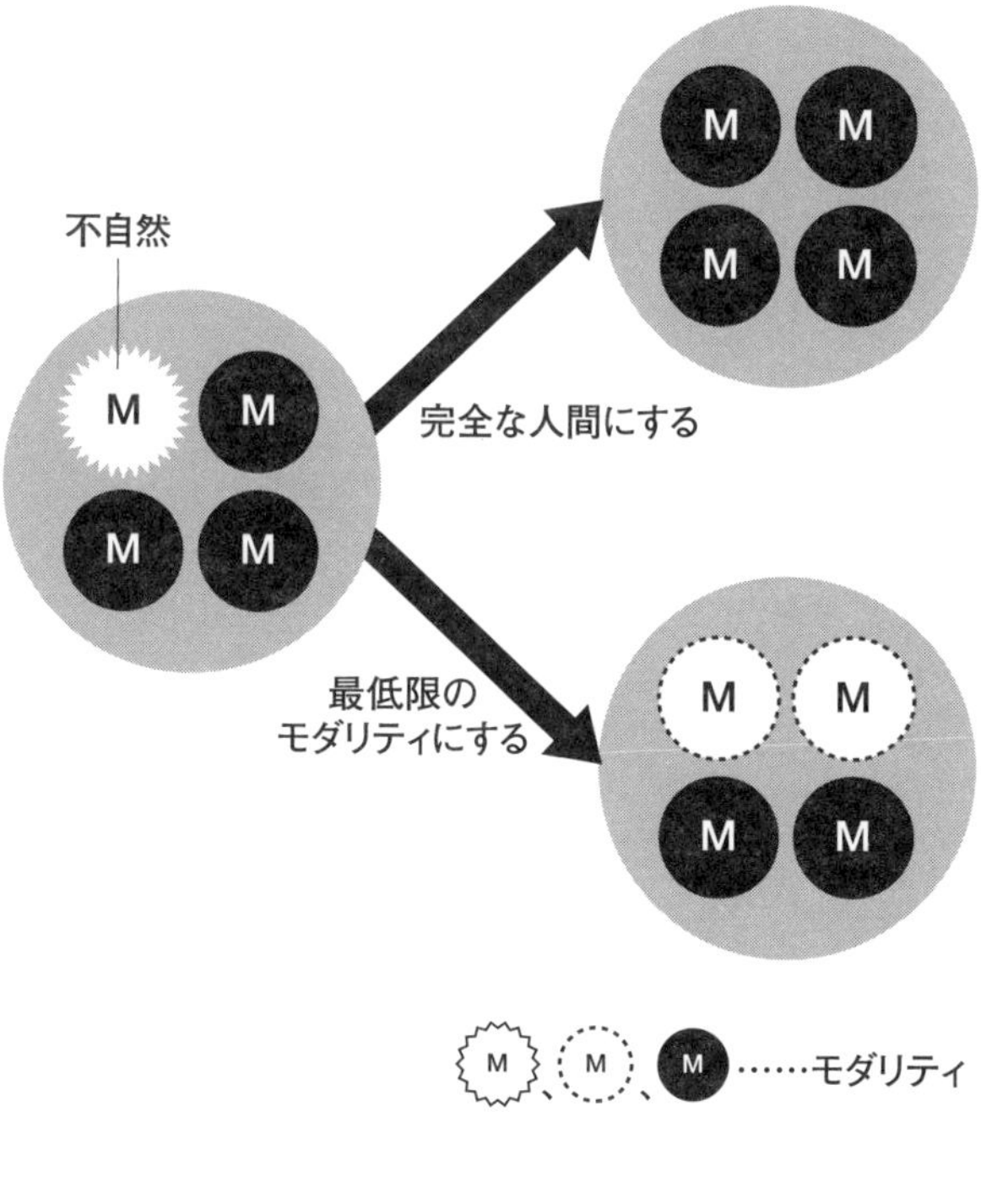
不自然
M
M
M
M
完全な人間にする
M
M
M
M
最低限の
モダリティにする
M
M
M
M
M、M、M……モダリティ

観察と想像

誰もが親和的に関わることのできるロボットは、個性を削ぎ落とすことで実現できる。

極めて人間に近いロボットがあると、人間は頭の中で自分が知っている人間と、そのロボットを丁寧に比較する。そこで違いを見つけると、不気味の谷に落ちる可能性がある。ところが、人間らしさを最低限に抑えたロボットだと、逆に想像で足りないモダリティ（人間やロボットを表現する見かけや動き、声など）を補うようになる。それも、好きな人間、都合のよい人間を想像する。この人間ならではのポジティブな想像力を利用してロボットをつくると、不気味の谷に落ち込まずに、人間と親和性の高いロボットを実現することができる。

開発当初、遠目に見て最も不気味がられたロボットにテレノイドがある。テレノイドは幼児くらいのサイズで、抱えながら通話することができるコミュニケーションロボットだ。必要最小限の見かけと動きをもたせたロボットである。動くのは目と首と手くらいで、やわらかな外装を備えてはいるが、手足など体の末端にいくにつれて簡略化されていて、一見すれば異様だ。

遠くから見ると、気持ち悪いとも言われたテレノイドだが、高齢者施設で実験的に使っていただいたところ、「実の家族など生身の人間よりも親しみやすい」という高い評価を得た。オーストリアやデンマークでの実験でも同様の結果を得られた。

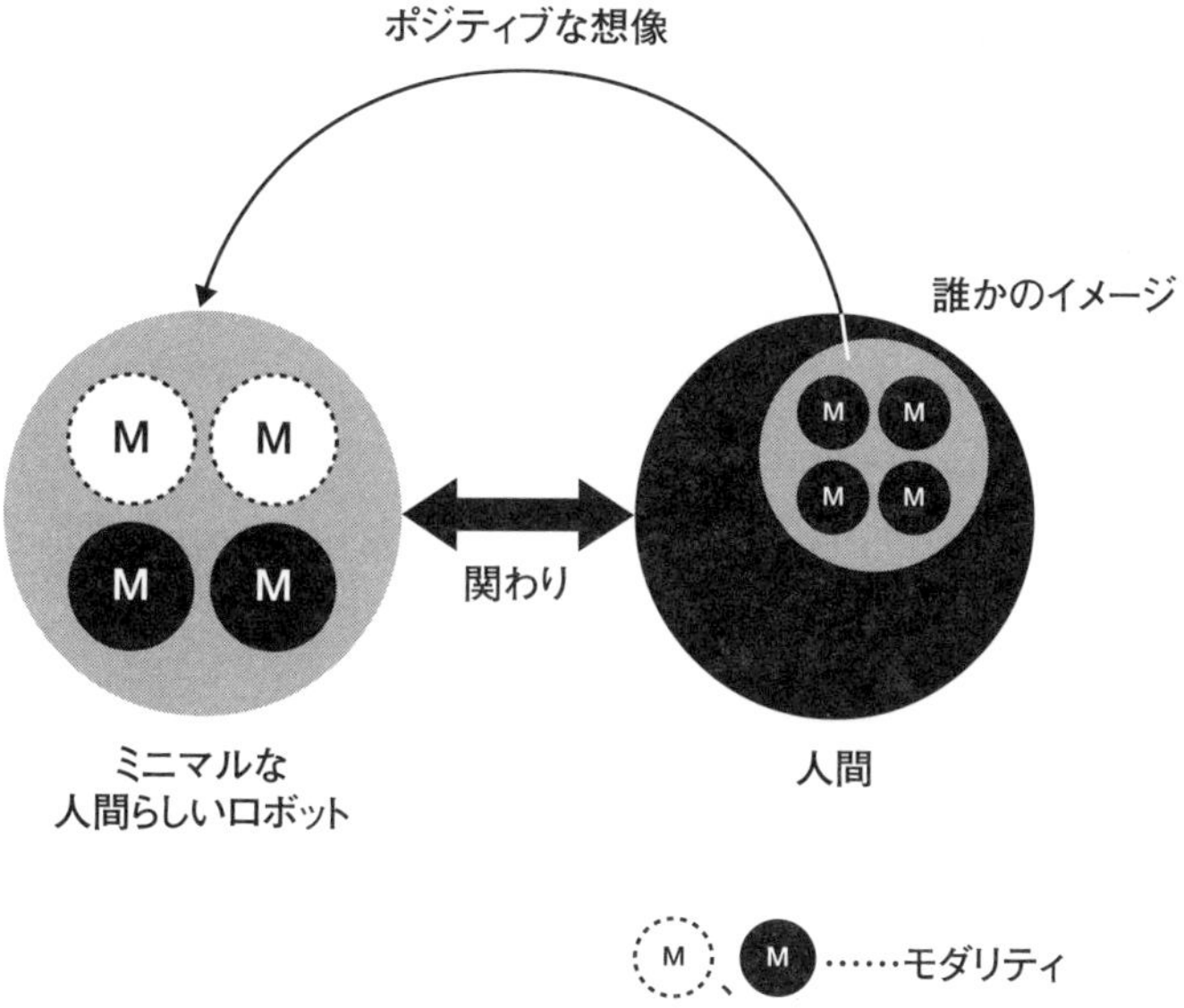
ポジティブな想像
誰かのイメージ
M
M
M
M
関わり
M
M
M
M
ミニマルな
人間らしいロボット
人間
M、M……モダリティ

想像に基づく認識

最初は不気味がられるものの、多くの人間はテレノイドで通話すると夢中になって話し続けるようになる。高齢者施設での実験でわかったことは、家族や医師、看護師に対する「迷惑をかけてしまうのではないか」というような気後れを、テレノイドであれば感じなくてすむということだ。ケアセンターや認知症治療の病院で言われるのは、高齢者にとって会話はとても重要だということである。認知症の進行の抑制や要介護状態の予防にもつながるという。

テレノイドの効用は高齢者だけではない。対面では自分を正直に出しにくい場面、例えばジョブマッチングなどでも有効である。人間は知らず知らずのうちに自分をよく見せようとして、本当のことを対面した相手には隠してしまうことが多い。しかし、就職や転職の際に、本当の長所や弱点などを出しておかないと、就業後にミスマッチを起こすこともある。

その他、いろいろなカウンセリングの場面で、人間的な要素もありながら人間とは明らかに違うテレノイドが非常に有効になる。

いずれにしろ、遠目には不気味がられたテレノイドが高い評価を得たのは、人間の想像力を活用できたからである。

テレノイドのCG

最低限のモダリティ

人間らしい存在感はモダリティが二つになったときに急激に強くなる。ロボットに備わった人間らしいモダリティが一つだけのとき、例えば声だけ、動きだけといった状態は、人間らしさを感じにくい。しかし、声と動きのモダリティが組み合わさったロボットには人間らしい存在感を感じることができる。

テレノイド（80頁参照）は見た目と声、ハグビー（74頁参照）は感触と声のモダリティが組み合わさっている。いずれも人間としての最低限の見た目をしていながら、そこに人間がいるかのような感覚を与えることができる。

その人間らしい存在感は実験によって確かめられている。

ハグビーを使った実験では、被験者はコルチゾールというストレスホルモンが減って、安心感を得られることがわかった。ハグビーの実用化が進むことで、対人恐怖症の克服やストレスに弱い精神病患者の治療への効果が期待されている。

また、ハグビーを使って読み聞かせをした小学生の集中力が増し、安心して聞くようになったという結果も出ている。おそらくは、教師や親に抱かれながら会話しているような安心感を感じているのだろう。

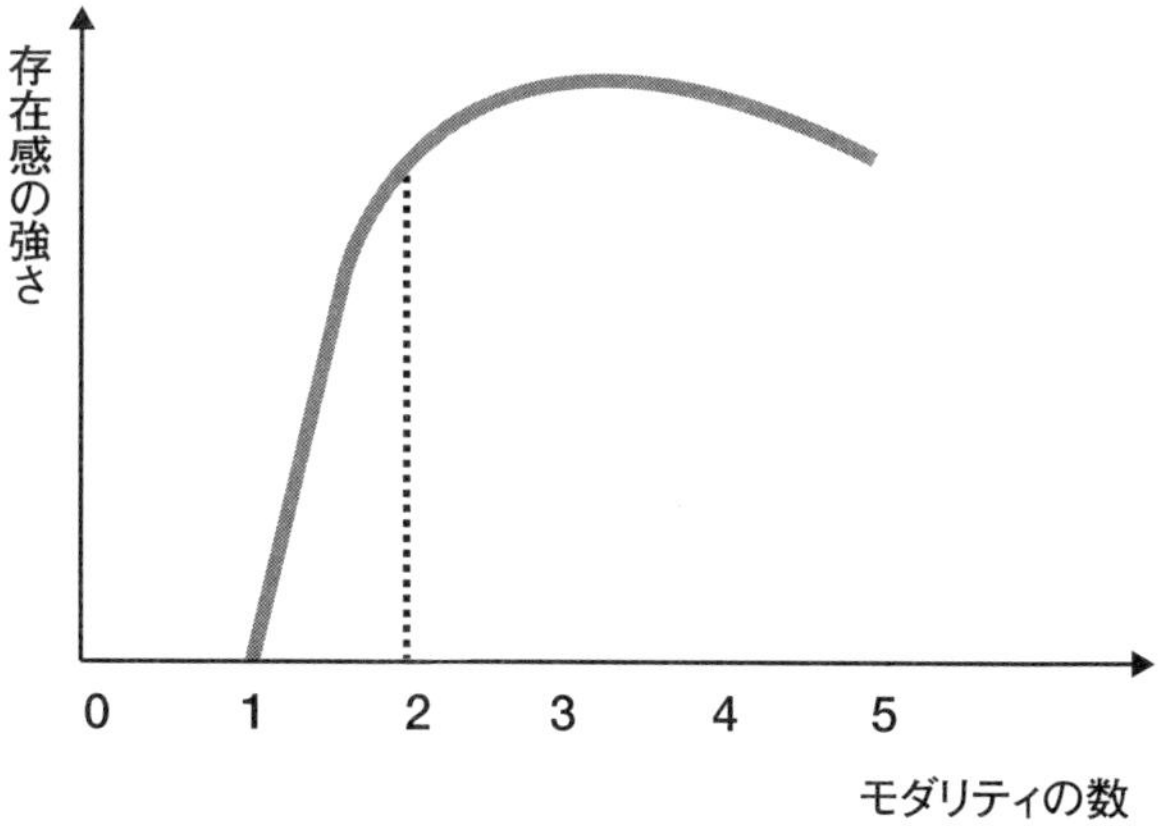
存在感の強さ
0
1
2
3
4
5
モダリティの数

モダリティの組み合わせ

物事を理解するということを厳密に考えれば、温度や重さなど、10個や20個もの情報がないと、正確にそれが何であるのかわからないはずである。ところが、物事を理解するのにはたくさんのモダリティは必要とされていない。形と色など限られた情報だけで、瞬時に判断するのが人間なのである。

つまり、人間が「わかった！」と感じるのは、数個の感覚や表現が合わさった時である。そういう意味では、人間はすごく短絡的であると言えるだろう。

人間は、少ない情報を基に物事をいきなり一般化するが、実はこれは非常に重要な性質である。すべての情報を集めてから正確に判断しようとするとあまりに非効率なのである。

人間らしい存在感をもつロボットをつくる場合においても、多くのモダリティは必要ない。最低二つのモダリティがあればよいと考えている。そしてその組み合わせは何通りも考えられる。ハグビーという抱き枕と携帯電話を組み合わせた、人間の存在感を伝えるコミュニケーションメディアは、声（携帯電話）と触感（抱き枕）の二つを合わせもつ。この他にも見かけと触感や、匂いと触感など、他の組み合わせにおいても、人間らしい存在感を表現できると期待される。

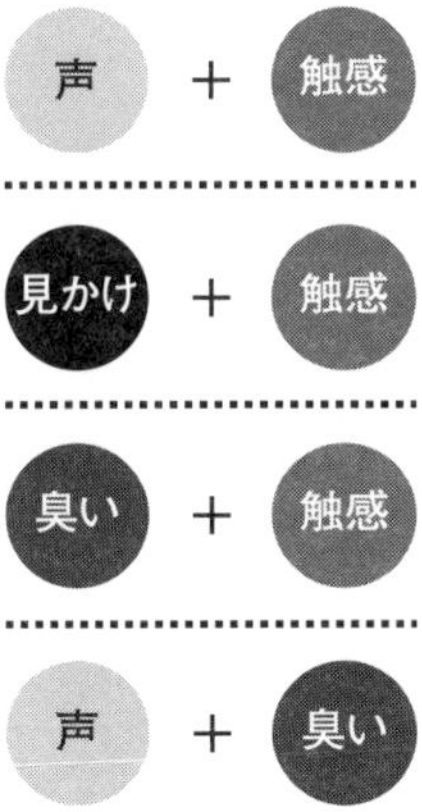
声
＋
触感
見かけ
＋
触感
臭い
＋
触感
声
＋
臭い

認識と信頼

「誰かを信頼する」という行為は、二つのモダリティだけで存在感が急激に立ち上がるという、モダリティと人間の認知の関係に似ている。

例えば、誰か一人が「あの場所で火山が噴火した」と言ったとする。唐突にそのようなことを聞いたとしても、噴火というめったに起こらない現象が本当に起きたのかどうか、半信半疑だろう。しかし、「私も聞いた」「僕も聞いた」と、わずか数人が最初の発言者に追従しただけで、一人が発言した時とは比べ物にならない信頼感がわき起こるのである。当然、その話が真実かデマかは関係なく。

このように、数人の発言は、すべての人間の発言であるかのように感じてしまう。この例のような信頼感の急激な立ち上がりは、日常的に広くみられるものだ。

つまり、その情報が信頼できるかどうかの感覚は、一人の発言＋一人の発言が二人の発言になるといったように徐々に積み上がっていくようなものではなく、急速に増してゆくものなのかもしれない。

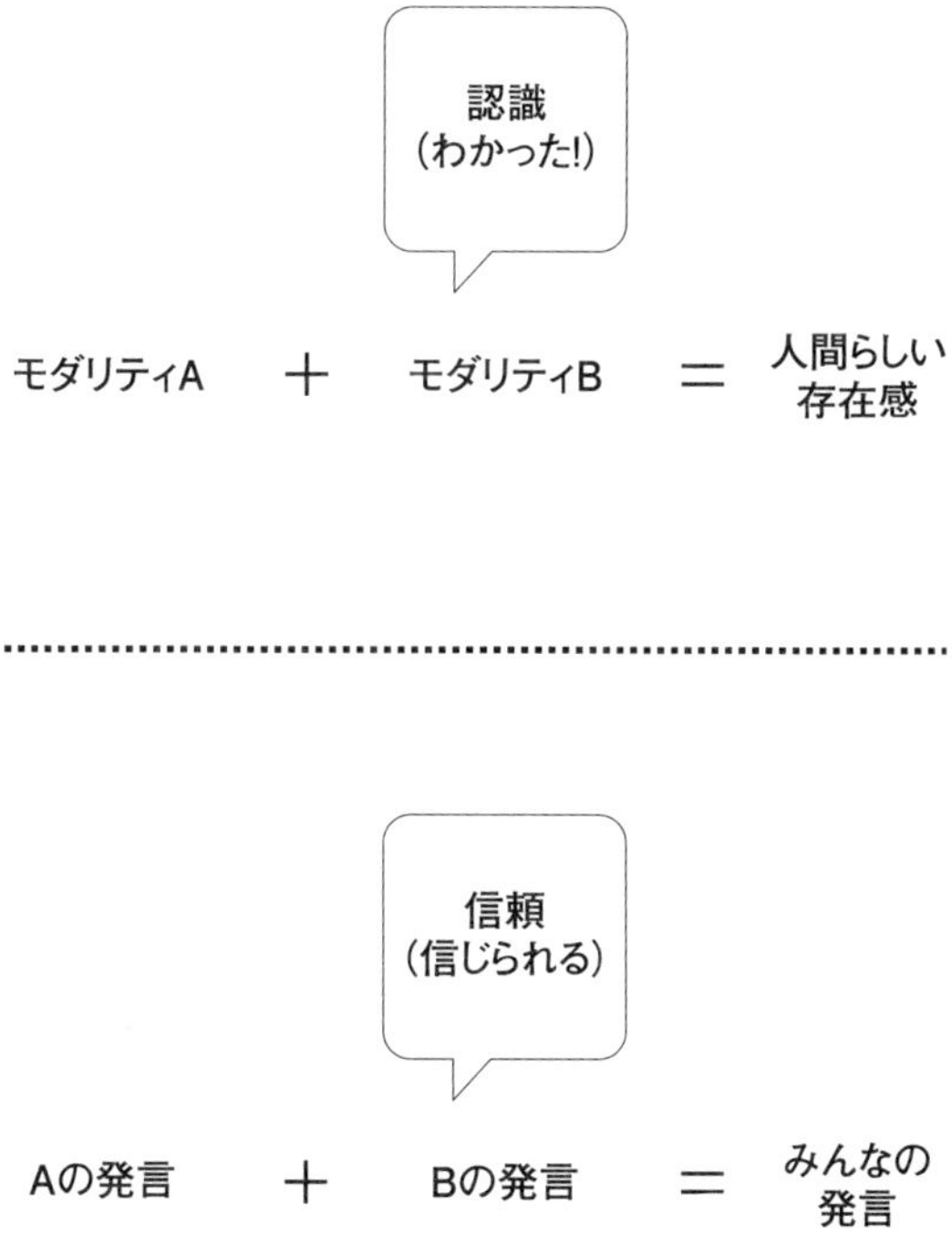
認識
（わかった!）
モダリティA ＋ モダリティB ＝ 人間らしい存在感
信頼
（信じられる）
Aの発言 ＋ Bの発言 ＝ みんなの発言

社会における人格の形成

「世の中のみんながそう言っている」といった話を聞くことがあるが、みんなって誰だろうと突き詰めてみると、案外、身の周りの数人しかいない場合が多い。

人間は「二人以上」で「みんな」と捉えがちである。

例えば誰かが、「石黒先生が10円玉を拾ってたよ」という噂話をしたとする。一人だけが言ったとしても、「またそんな嘘を流して」と冗談話の一種として流されるだろうが、ここで、「自分も先生が10円玉を拾っているところを見た」と別の誰かがその話に加わったとする。するとその途端に、急に真実味を帯びてきたように感じる。聞いた人間は、「ああ、先生は10円玉を拾う人なんだ」と事実として信用するようになる。このように、もう一人が話に加わっただけで、いきなり一般化されてしまうのである。

そして一般化されたその噂は、「石黒先生」の普遍的な性質であるかのように人々の間で語られ、本人と全く関係のないところで、社会的イメージがつくられてしまうのである。

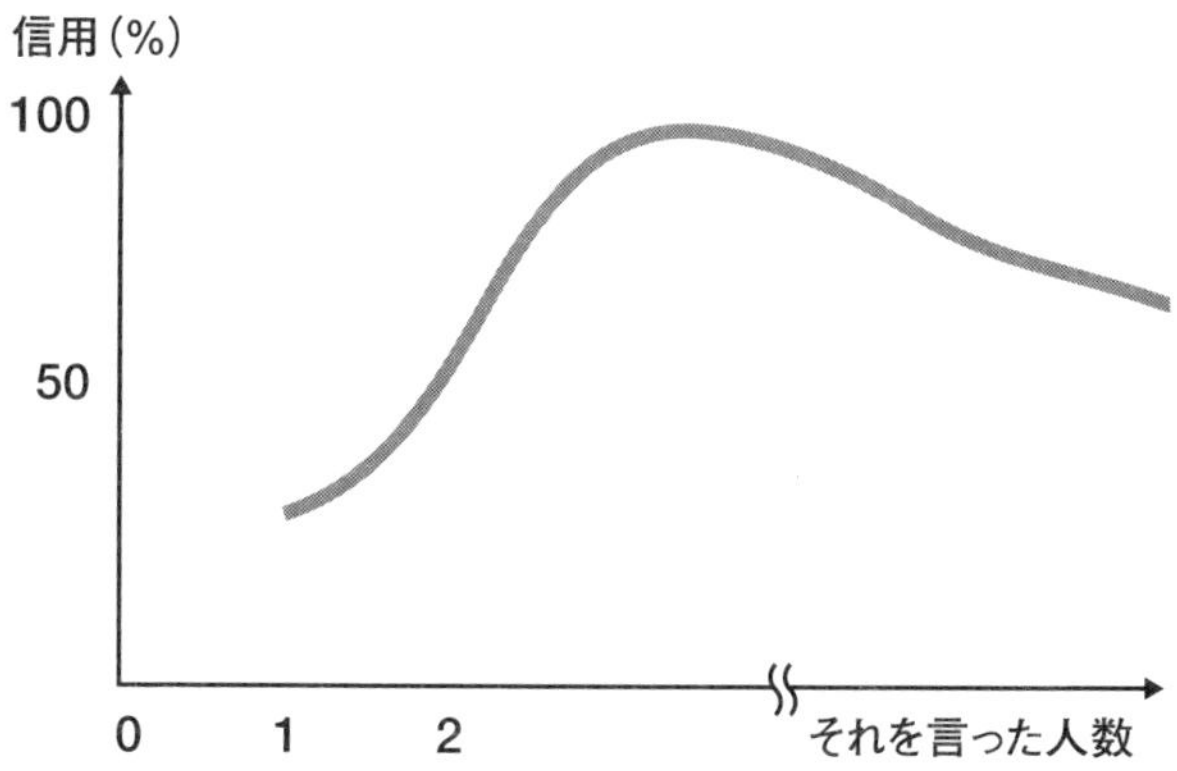
信用（%）
100
50
0
1
2
それを言った人数

存在感と個性

存在感と個性という二つの軸で、人間やロボットを分類してみよう。人間は、存在感も個性も強い。アンドロイドも同様であろう。そのアンドロイドから個性を取り除いたのがテレノイドである。しかし、テレノイドは強い存在感をもっている。

一方で、ＣＧキャラクタは存在感も個性もほどほどにある。そのＣＧキャラクタからさらに、存在感と個性を抜き取れば、単なる情報だけを提供する文字で構成されたＷｅｂサイトのようなメディアになる。

そうなると、まだ考えられていないのが、存在感はＷｅｂサイト程度に小さいが、個性が強いものである。そのようなものが発見できれば、テレノイドのような興味深い効果を、テレノイドとは反対の方向でもつものができるかもしれない。

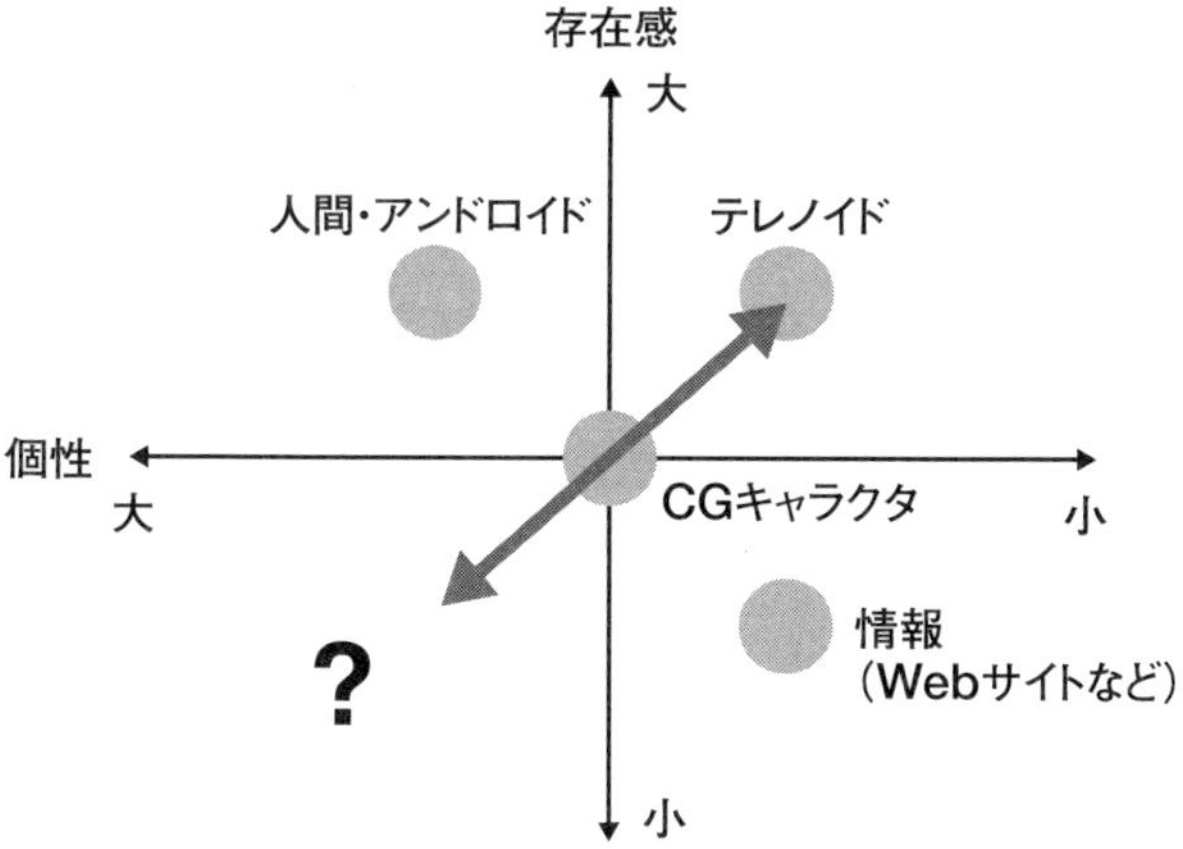
存在感
大
小
個性
大
小
人間・アンドロイド
テレノイド
CGキャラクタ
情報
（Webサイトなど）
?

対話とはストーリーを展開すること

ロボットと人間が一対一で対話をする場合には、ロボットに完全な音声認識を実装する必要があるが、現状ではまだ技術的に実現していない。しかし、対話がプログラムされた二台のロボットがいて、漫才の掛け合いのように対話を成立させるのは容易である。そしてそこに人間が加われば、二台のロボットと対話ができているように感じる。

A、Bという二台のロボットの会話に、人間を加えたシナリオを考えてみよう。

AはBに「君は何が食べたいの？」と聞く。するとBはAに「アンパン」と答える。次にAは人間に「君は？」と聞く。

人間はそれに答える。その時ロボットは人間が何を言っても「そっか」と答える。これだけでも人間は、ロボットと対話を「している感じ」を得ることができる。ロボットに音声認識の機能がなくても対話が成立するのである。

もし、ロボットと人間の一対一だった場合、完全な音声認識がなかったら、人間が何か答えても、その対話は時折破綻し、対話感を得ることは難しいだろう。音声認識が不完全な場合においても破綻しない対話を続けるには、ロボット二台でストーリーを展開しながら、そこに人間を巻き込む仕組みが必要である。

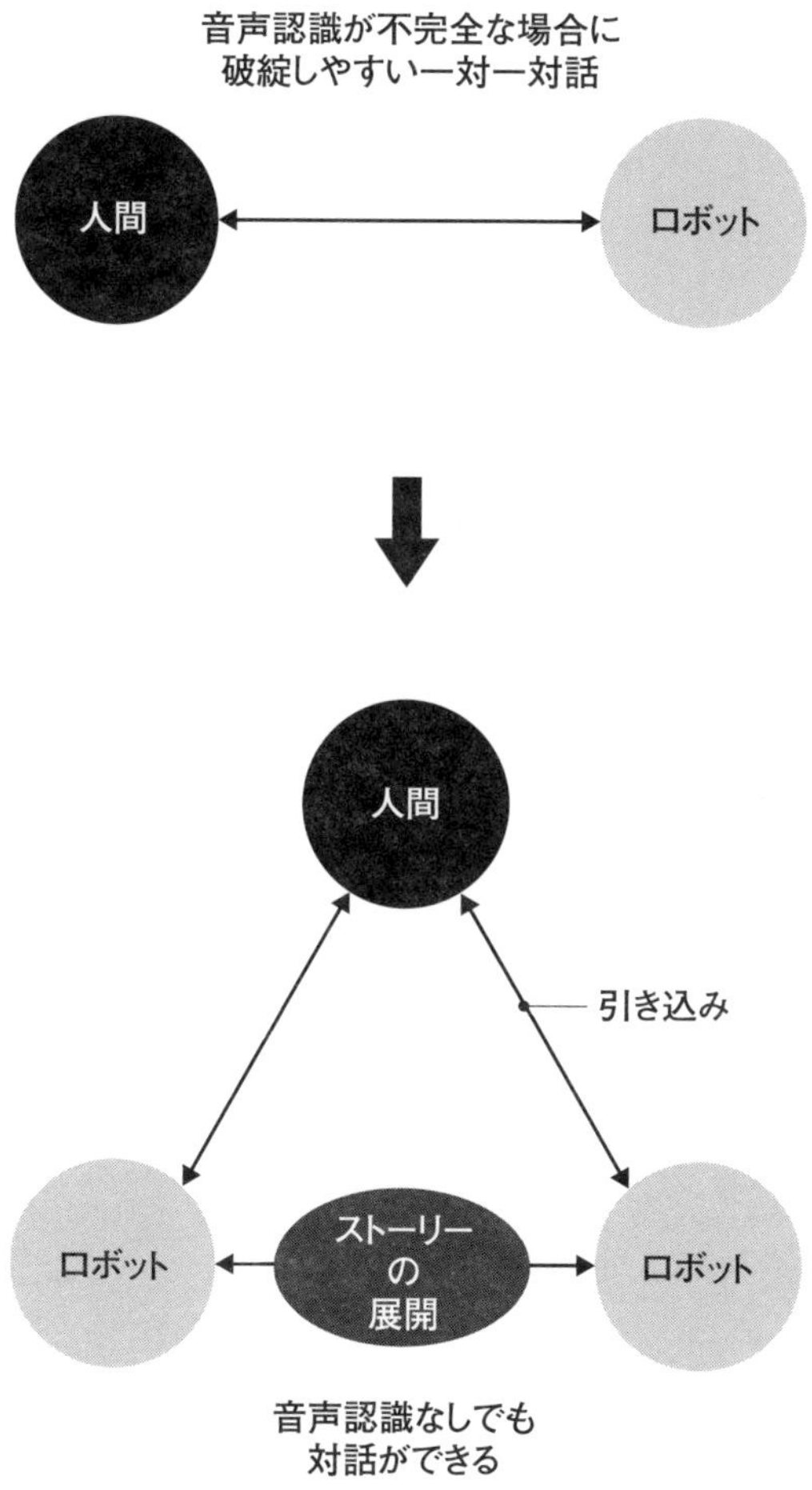
音声認識が不完全な場合に
破綻しやすい一対一対話
人間
ロボット
人間
引き込み
ロボット
ストーリー
の
展開
ロボット
音声認識なしでも
対話ができる

対話とは意思決定

対話とは音声認識することでもなければ、実は発話することでもない。発話をしなくても対話を成立させる次のような方法がある。

ロボットと人間が対話をする状況において、人間はタブレットコンピュータを使う。タブレットには、人間が聞きそうな質問が提示され、人間はその質問を選択する。すると、タブレットがその人間の代わりに質問を読み上げる。それに対してロボットが応答する。

このシステムにおいて、もちろん、タブレットとロボットは最初から一つのシステムとして設計されているので、ロボットは、質問内容を直接知ることができ、またその質問に対する答えをあらかじめもっておくことができる。

このようなシステムでも非常に強い対話感を得ることができる。実際にこのようなシステムを、人間と対話することを目的としたアンドロイドに用いた。アンドロイドはデパートで販売員として働いたのであるが、来客との対話は見事に成立し、実際にたくさんの服を売ることができた。

すなわち、タブレットを用いた対話でも十分に対話感が得られるのである。そして、このシステムの事例を基に対話において何が重要であるかを考えれば、それは人間自らが発話することではなく、自分の意見を選択することだということがわかる。

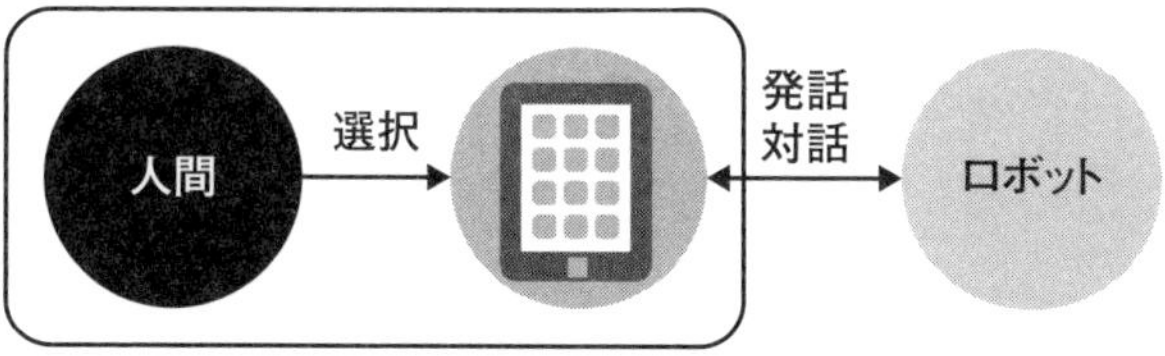
人間
選択
発話
対話
ロボット

発話不要の対話

人間同士でタブレットコンピュータを用いた対話をしても、十分な対話感が得られる。

まず、対話のストーリーをデザインし、その対話において、多少の選択肢を設ける。そのストーリーを基に、二人の人間にタブレットを用いて対話させる。互いに、タブレットに表示される選択肢を選択し、その選択をタブレットが人間の代わりに声にして、対話が進められていく。

このシステムでは、ストーリーの本筋は変更されないが、多少の選択肢を与えることで、互いに、互いの意思でストーリーを展開しているように思え、タブレットを使った対話でありながらも、互いの意思の基に対話をしているように思える。

ストーリーとしては親密な関係になる、ドラマや映画に出てくるようなストーリーを与える。例えば、最初は相手の嫌なところを言い合って喧嘩をして、そのうちに仲直りをして、相手のいい部分を褒め合うというようなストーリーである。そうすると、タブレットを用いた対話の後に、人間同士は急に親密になる。ストーリーはコンピュータが与えているのだが、選択肢の効果によって、互いが互いにストーリーをつくり出しているように感じられるのである。

実際にこのシステムは人間関係の構築に非常に役立つ。２００組の男女に試してもらったところ、８割程度の組がよい関係になれたと感じることができた。

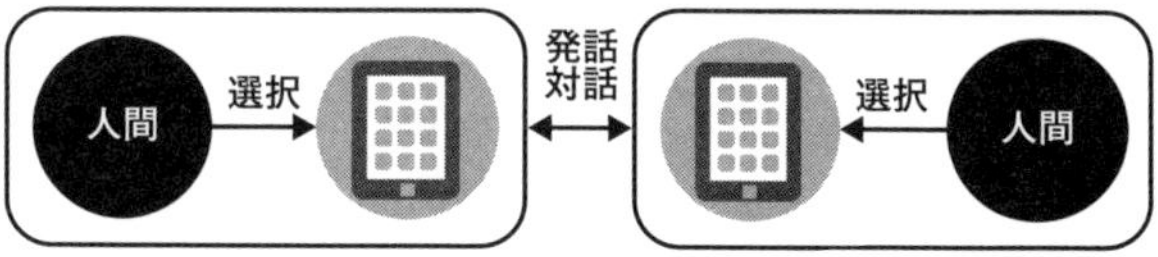
人間
選択
発話
対話
選択
人間

食とロボット

食に関するロボットは、三つのタイプが考えられる。「料理をつくるロボット」「料理を食べるロボット」「食べられるロボット」である。

料理をつくるロボットは早期に実現できる可能性がある。そのロボットは次のように働く。食材はロボットが扱えるように、小さな容器に細かく綺麗に分類された状態で家庭に届く。食材はロボットにセットされ、料理をつくる。このロボットは、自動車の塗装や溶接を行うマニピュレータと呼ばれる腕ロボットの小型版で、二つのマニピュレータでフライパンなどの調理器具を扱う。ちょうど人間の両腕のように。技術的には難しい課題はそれほど残されていない。

次に、料理を食べるロボットである。食べるという行為には二つの意味がある。一つは分解してエネルギーを取り出すこと、もう一つは味を味わうことである。前者については、バクテリアなどを利用すれば、動物同様に食べ物からエネルギーを取り出せる。実際にそういった方法でゆっくり活動するロボットもつくられている。味を味わうロボットの実現には、人間の舌と等しい味覚判別能力をもつセンサを開発することが大きな課題であったが、この問題に対してもすでに答えは出されている。

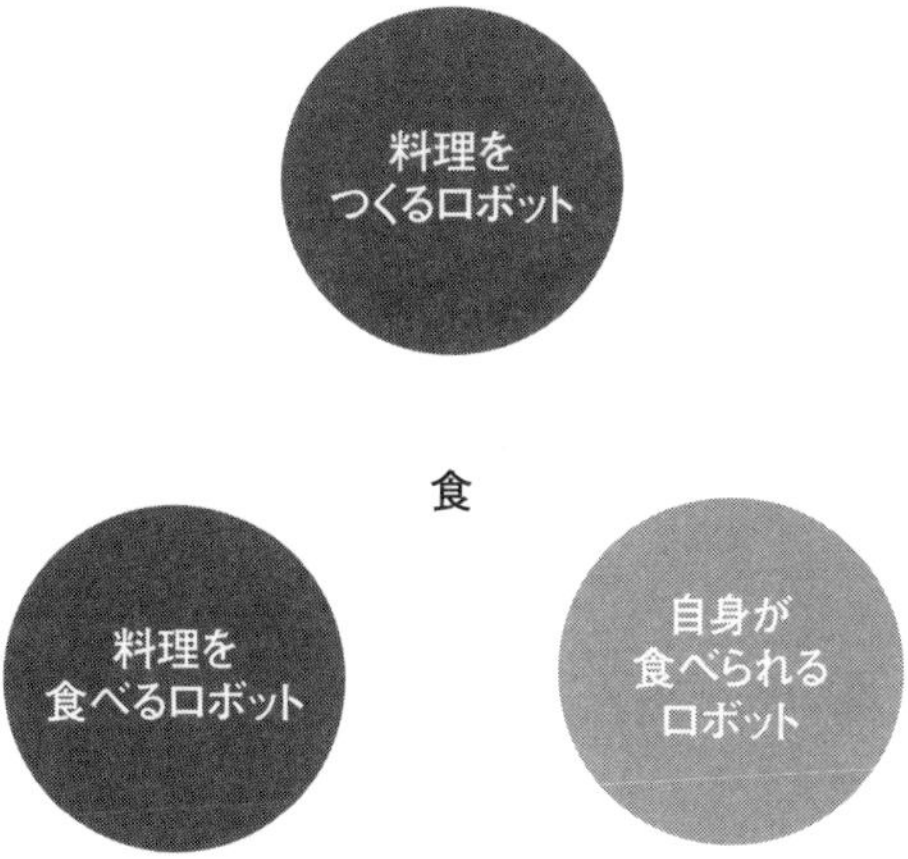
料理を
つくるロボット
食
料理を
食べるロボット
自身が
食べられる
ロボット

食べられるロボット

最も実現の見通しがたっていないのが、食べられるロボットである。ただ、それは困難だからというよりも、実際に食べられる材料でつくってみようという取り組みがなかっただけのように思われる。おいしく食べられるかどうかを後回しにすれば、食べられる材料でロボットは今すぐにでもつくれそうである。堅いクッキーや飴はロボットのフレームや外装を構成するのに十分な強度がある。車輪やギアもつくれるだろう。問題は動力であるが、最も単純な動力であるバネやゴムなら、グミを使えば実現できるだろう。モータのような、電気エネルギーからコイルを利用して運動エネルギーをつくり出す仕組みはできなくとも、化学反応を利用した動力をさまざまに考えることができる。気体を発生させることができれば、それを推進力に用いることもできる。

食べられるロボットはおそらくは実現可能である。そしてその食べられるロボットは、従来のロボットよりもはるかに生物らしいものになるに違いない。ロボットと生物の境界を少しでも縮めることができるとしたら、それは食べられるロボットなのかもしれない。

また、食べられるロボットは楽しそうである。グリコのキャラメルには、常に楽しいおもちゃがついていた。食べることと遊ぶことを同時に満足させてくれるのである。もし、お菓子が自ら動いたとしたらどうだろう？　子供たちは動くお菓子の虜になるに違いない。

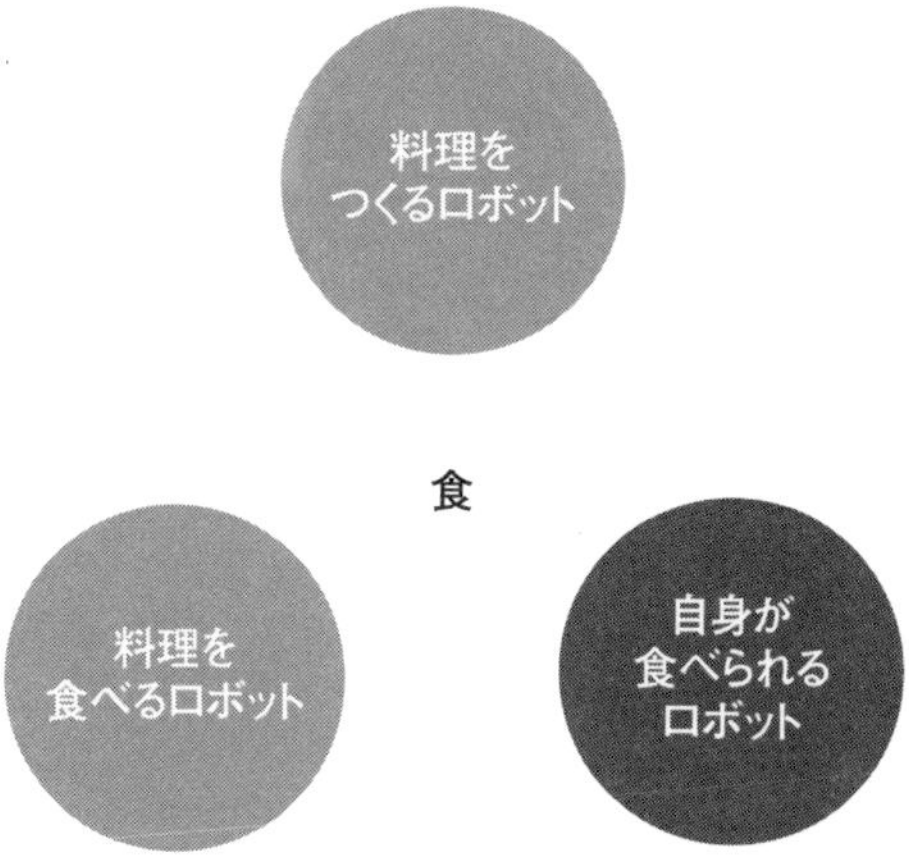
料理を
つくるロボット
食
料理を
食べるロボット
自身が
食べられる
ロボット

食とコミュニケーション

高度な知能をもつ人間にとって、誰かと食事を囲む意味は、主観と客観の混在する議論を生み出しやすい状況をつくるということにある。その理由は、味覚の曖昧さと料理の複雑さにある。食の好みに関しては、年齢や職業など関係なく誰もが主観的な意見を表明しやすい。一方で、食には客観的な側面もふんだんにある。食材や調理法、希少度などは客観的な事実であり、料理に関する理解を多いに助ける。会話において客観的な議論がなければ、対話は深まらない。主観だけの議論は好き嫌いを表明するだけであるが、客観的な情報があれば、それらを積み上げてより正確な理解に到達することができる。

一方で、客観的な情報だけを積み重ねてもすぐに議論は収束してしまう。合間合間に主観的意見が入ることによって、対話が続くことになる。相手の個性やアイデンティティを認識することにもなる。これが共に食事をするということの本質であり、主観と客観の間で無限の情報交換を楽しんでいるのである。

すなわち、コミュニケーションを続けるには、主観と客観の双方が必要ということである。ロボットも同じで、主観と客観を織り交ぜた対話が可能であれば、人間と豊かにコミュニケーションができるはずである。

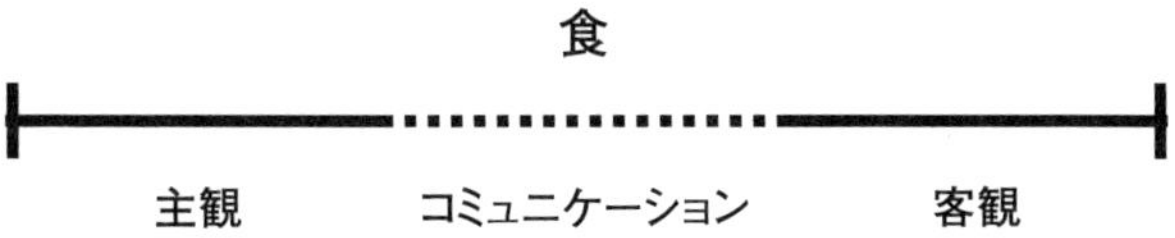
食
主観
コミュニケーション
客観

第 4 章

人間の進化

人間の進化

　進化とは単純生き残りゲームである。より強い体をもつ者、より賢い脳をもつ者が生き残り、世界を支配してきた。

　人間は、魚類から両生類、ほ乳類へと進化し、現在では万物の長の座に君臨している。人間と動物の根本的な違いは、人間は技術によってその能力を拡張しているということである。人間の定義は未だ明確に決められていない。むしろ、人間の定義は時代と共に変化していると考える方が適切かもしれない。しかしながら、少なくとも言えることは、この人間と動物の違いである。人間は技術によってさらに進化を続けているのである。

　生き物の進化を考えると、原生動物から徐々に進化がはじまり、多様な生き物がこの世に誕生した。そしてその中の多くは滅亡している。それを示したのが進化の系統樹である。進化の系統樹は人間の登場によって終端を得るわけではない。技術によって進化する人間をその先に描き込むことができる。人間は、技術によってその能力を飛躍的に拡張してきた。そして、現代の人間の活動に改めて目を向ければ、技術なしにはほとんど何もできない状態になっている。乱暴に言えば、人間の活動の90％は技術によって成されていると考えることができ、そのことは人間が90％は技術であり、機械であることを示しているように思う。

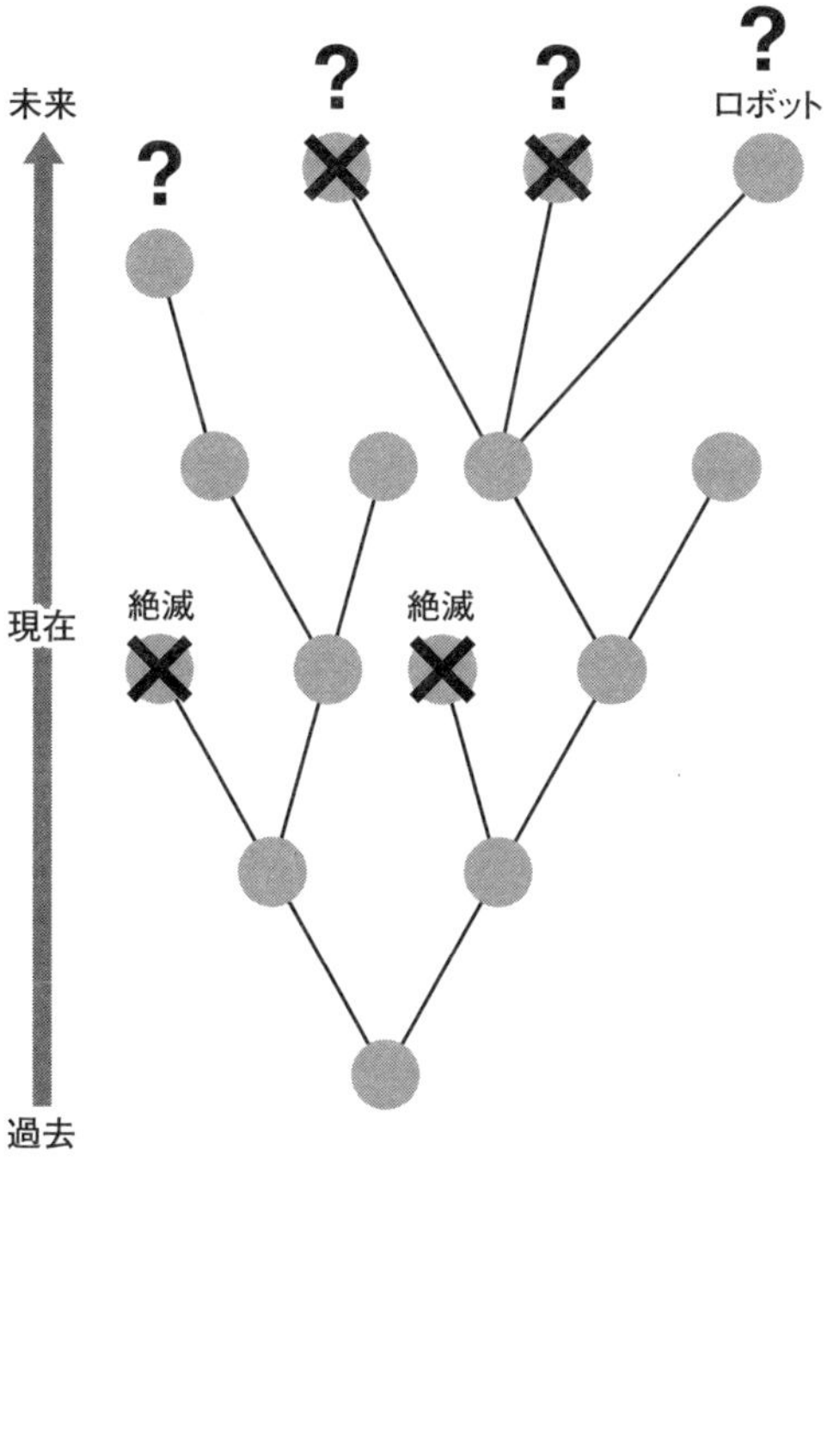
未来
?
?
?
?
ロボット
現在
絶滅
絶滅
過去

ムーアの法則

ムーアの法則とは、インテル社の創設者の一人であるゴードン・ムーア氏が発案した未来予測である。半導体の集積度が1年半から2年程度の一定期間で倍増するとした経験則で、チップの処理能力が上がることでコンピュータの性能も上がるため、コンピュータの能力が毎年倍増し指数関数的に上がっていくという予測にもなっている。計算を簡単にするために1年で性能が2倍に向上するとすれば、10年で2の10乗、すなわち1024倍である。100年、1000年経てば、天文学的な数字になる。1960年代に発表された経験則だが、これまでのコンピュータシステムの性能向上の推移とおおむね一致している。多くの専門家が頭打ちになると思っていたが、現在でものびている現在進行形の法則である。

コンピュータの計算能力や記憶能力はずいぶん昔から人間を凌駕してきた。囲碁や将棋などのゲームは人間のプロに勝るようになっている。病気の診断も高い精度を出せるようになった。画像認識技術においては、写真に写っているものが何かを答えるという作業で、平均的な人間の能力を超えたとも言われている。

この法則が続いていけば、近い未来においてコンピュータの能力は、想像を超えるような形で人間を圧倒するようになるだろう。

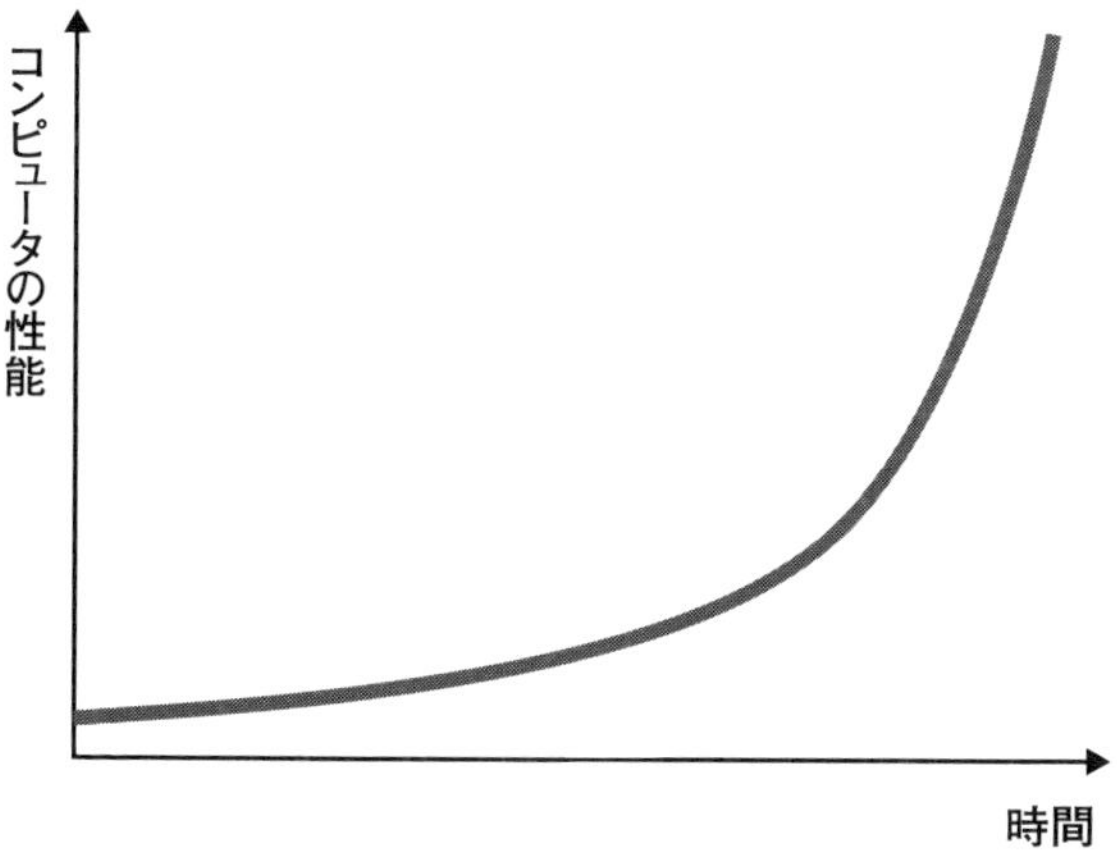
コンピュータの性能
時間

シンギュラリティ

多くの人間が頭打ちになると考えていたコンピュータの能力の向上は、現在も指数関数的に続いている。その大きな要因に、コンピュータがコンピュータを設計していることが挙げられる。コンピュータの進歩で設計能力が上がり、自分よりも能力の高いコンピュータを設計することができるようになる。でき上がったコンピュータがより優秀な次世代モデルを設計することで、能力が加速度的に向上する。コンピュータの設計にはコンピュータが不可欠であり、人間の能力では対応できない世界になっている。

これが繰り返されることで、いつか人間の能力をはるかに超える時がくるだろう。これをシンギュラリティ（技術的特異点）と言い、一説では２０４５年や２０５０年に訪れるのではないかと言われている。

人間を超えた人工知能がより優秀な人工知能をつくるとか、ロボットがロボットをつくって加速度的に技術が発展していくという話であるが、コンピュータ開発においてはすでに起こっているのである。

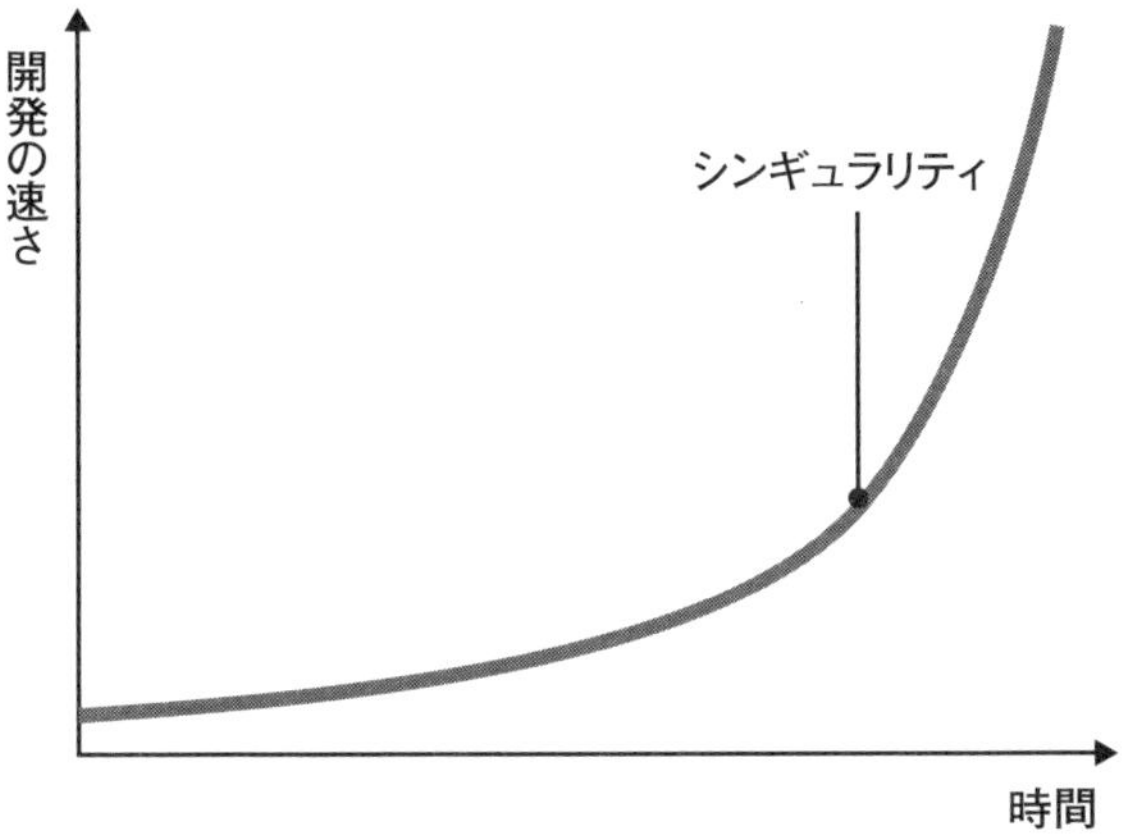
開発の速さ
シンギュラリティ
時間

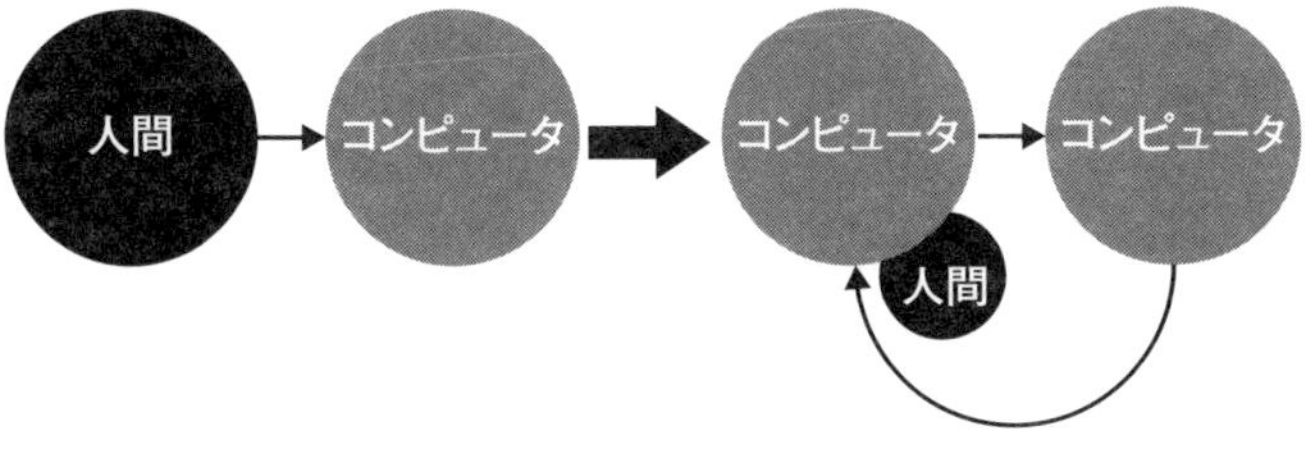
人間
コンピュータ
コンピュータ
コンピュータ
人間

人間と技術

技術開発が止まらない大きな理由が二つある。

一つ目は、人間は能力を拡張して生き残っていく生き物であるからだ。遺伝子に刻まれた使命に従っているのである。生活を便利にさせてくれる新しい技術を手に入れることが、生きる目的になっている。そして、それは個人だけでなく、社会全体もその方向性を示していて、新しい技術を開発することが、経済発展を支えている。

二つ目は、技術開発そのものが人間理解のプロセスになっていることである。技術は人間の能力をヒントにして開発される。人間の能力を置き換えることによって技術は生まれるのである。すなわち、技術開発とは、人間をモデル化するということである。

すでに現在でも、人間は多くの能力を技術に置き換えている。普段の生活を振り返れば、その大半は技術に頼っている。人工のビルの中でパソコンやスマートフォンを使って働いている。技術がなければ生き残ることさえも難しくなってきている。人間はほんの少しの動物的な部分と大半の技術によって構成されているとも考えられる。

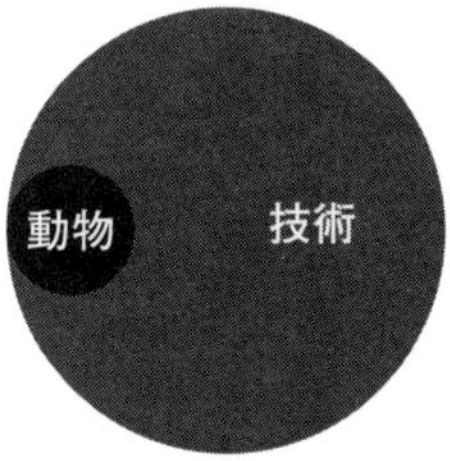
動物
技術

人間における二つの進化の方法

人間における進化の方法は二つある。それは遺伝子による進化と技術による進化である。技術による進化は遺伝子による進化に比べてはるかに速く進む。約500万年前に原始人類が誕生し、約1万年前に農耕がはじまった。農耕がはじまって以来、技術は加速的に進歩し、人間の能力を飛躍的に向上させてきた。

すでに述べたように、人間は能力を拡張して生き残っていくという遺伝子に刻み込まれた使命に従っているのである。

もちろん、歴史的にはその例外はある。例えば産業革命の頃のラッダイト運動である。機械が人間の仕事を奪うということで、機械が壊された。しかし、長い人類の歴史において、そういった例外はほんの小さな出来事であり、技術開発は歴史的にみても常に進歩を続け、人間の能力を拡張し続けている。

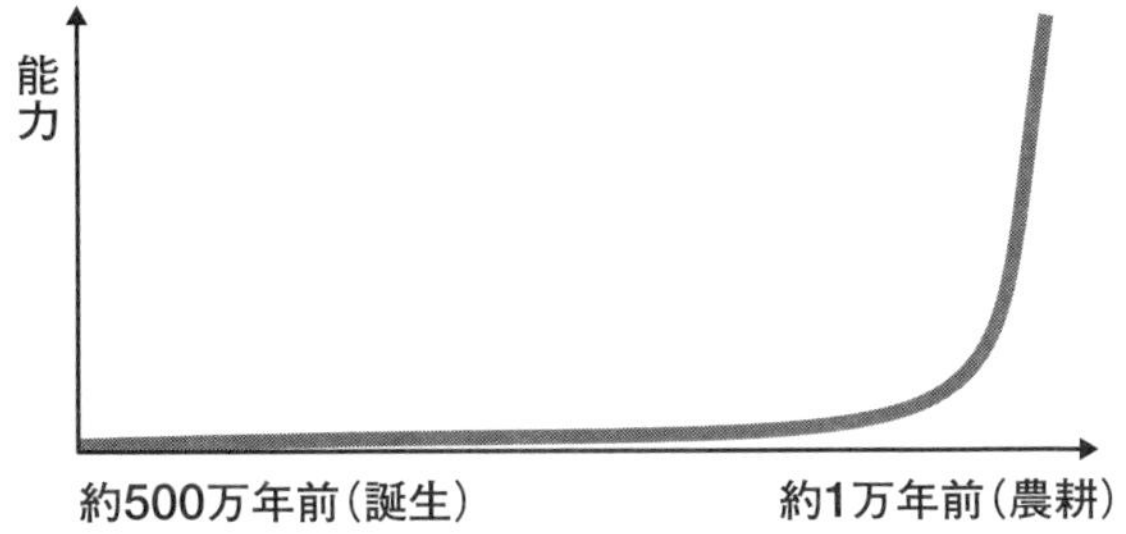
能力
約500万年前（誕生）
約1万年前（農耕）

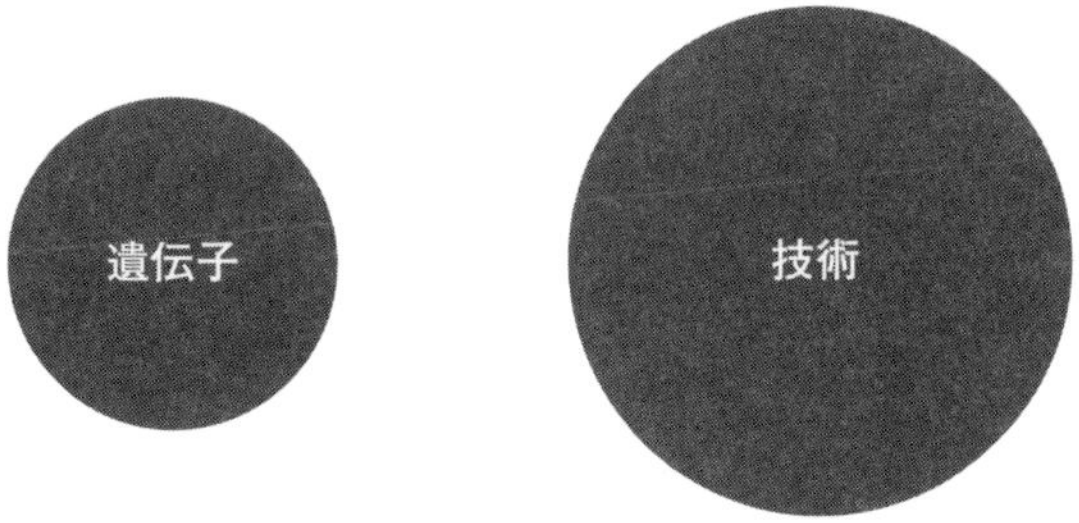
遺伝子
技術

人間の機械化

技術は常に人間の能力を拡張することを目的として生まれる。人間や荷物を効率よく運ぶために自動車が開発され、遠くの人間とも話をするために電話が発明された。

技術の発想の元はすべて人間が元来備えている能力にある。

それゆえ、技術の開発が進むということは、人間の機械化が進むということに他ならない。人間は、技術開発によってその能力をどんどん技術に置き換えている。そして、人間の中の動物的な部分はどんどんと小さくなりつつある。

人間は、その手足さえも機械に置き換えることができる。義手や義足の進歩はめざましく、とくに義足を使えば時に生身の足よりも高い運動能力をもつことができる。心臓などの臓器も機械に置き換えることができる。このような技術の進歩が続き、人間の身体もどんどんと機械に置き換えられたとき、最後に残るのは、おそらく脳であろう。

その脳も、すさまじいコンピュータの進歩によって、近い将来、機械に置き換えられてしまうかもしれない。

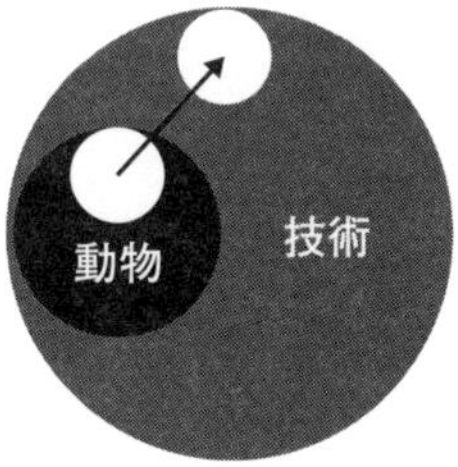
技術
動物

技術に置き換わる生身の身体

人間は肉体的な能力を技術に置き換えることで、独自の進化を遂げてきた。今の生活においても、すでに人間は技術によってずいぶんと能力が拡張されている。

外界の環境に耐えるための服や、視力を矯正するメガネやコンタクトレンズは必需品である。コミュニケーションの大半は電話やパソコンを使うし、スマートフォンに依存しているような若者も増え続けている。

身の周りのものだけではない、何かを調べるためにインターネットに接続するし、それらの道具をつくるためにも機械やロボットは不可欠な時代になっている。

生身でやっていることなど、ほぼないと言っていいだろう。いまや、人間の活動のほぼすべてに技術が不可欠である。

すでに、人間としての生身の部分が占める割合は、技術に置き換わったことでずいぶんと小さい。

人間の肉体や能力を技術に置き換えていくことで、最後に残されたものが人間の本質だと考えられる。しかし、それすらも技術に置き換わる時代がくるかもしれない。

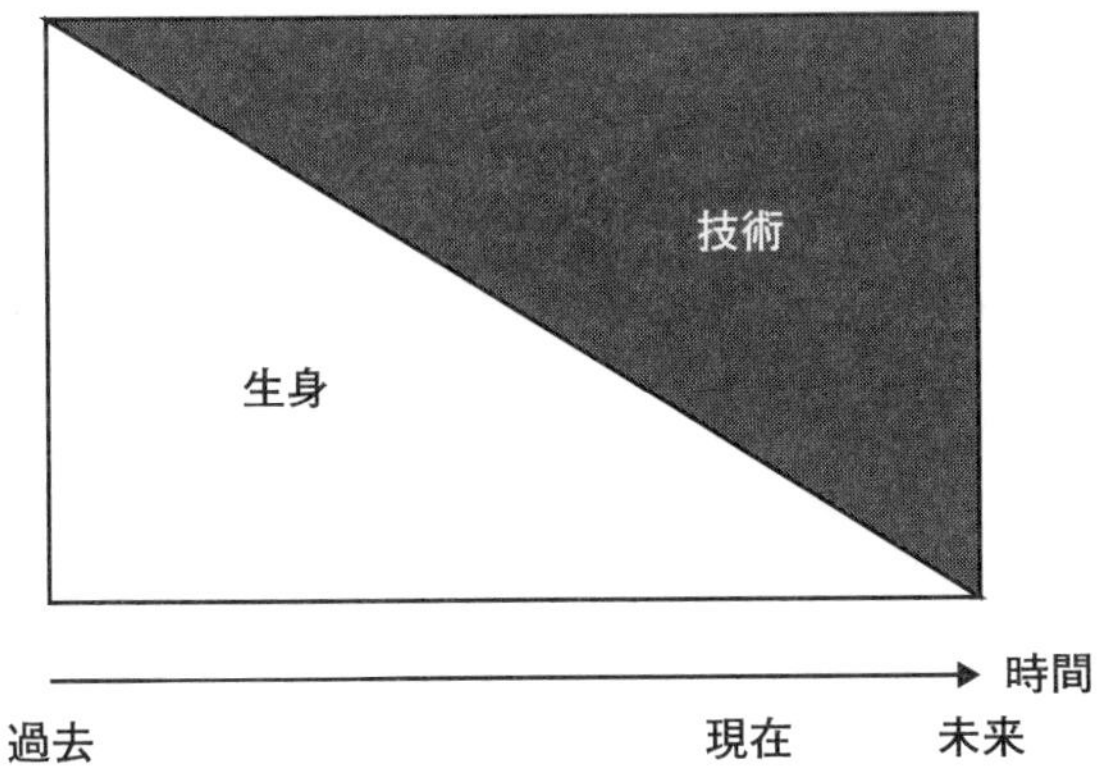
技術
生身
時間
過去
現在
未来

有機物の制約と無機物の可能性

明確に定義可能なタスクにおいては、現時点でコンピュータはすでに人間を凌駕している。そして、10年経てばそのコンピュータの性能は1000倍以上になり、100年、1000年経てば想像を超えた速さになる。そうなれば、おそらくコンピュータは人間の脳よりもはるかに優れた能力をもつようになる。

人間の進化、すなわち身体の機械化において、おそらく最も機械化が困難な部位は脳であろう。しかし、1000年も経てばその脳もコンピュータに置き換えられ、人間の身体には生身の動物的な部分は何も残らなくなるかもしれない。そうして人間は機械の身体、すなわち無機物の身体を手に入れる。

無機物の身体は、タンパク質などの有機物で構成された身体よりもはるかに丈夫である。タンパク質で構成される有機物の身体は壊れやすく、その寿命はおおむね120年に制約される。太陽や地球に深刻な異変が起これば、簡単に消え去ってしまう。しかし、身体を無機物化することができれば、その寿命は大幅にのび、太陽や地球の異変を乗り越えて生き残れる可能性がある。

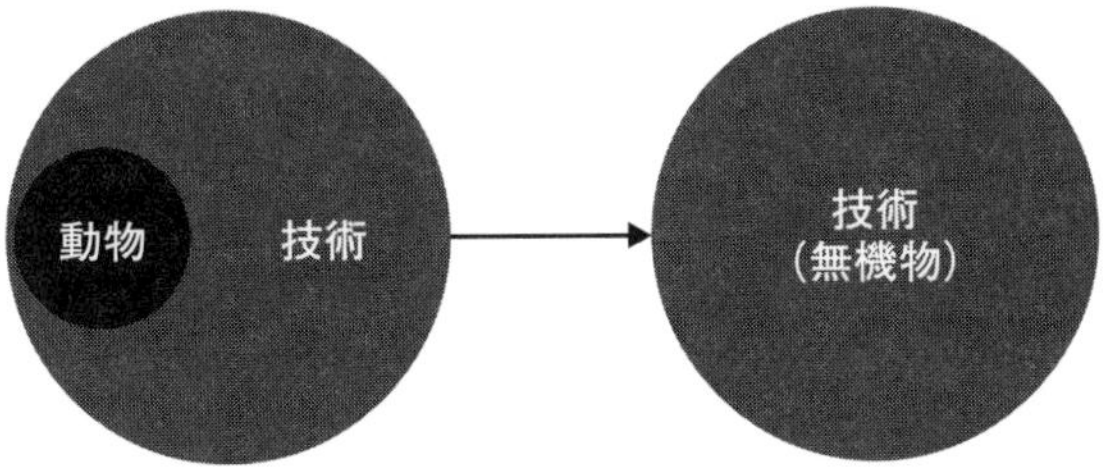
動物
技術
技術
（無機物）

有機物が存在した意味

45億年前に地球が誕生し、35億年前に有機物が生まれ、タンパク質が生まれ、生物が誕生した。現在に至るまでに、有機物は急速な進化を遂げ、現在の人間に至っている。有機物の最終進化の形態が人間なのである。

人間は活動の大半を技術化、すなわち無機物化しており、近い将来に、完全な無機物化を成し遂げる。すなわち、有機物は、無機物から生まれて無機物に戻ろうとしているのである。

複雑な構造をもつタンパク質などの有機物は環境適応能力が高い。一方でその構造は壊れやすく寿命は限られている。有機物の最終進化の形態として生まれた人間の役割は、有機物が進化の過程で獲得した知能を、寿命がはるかに長い無機物の身体に移し替えることである。言い換えれば、有機物は知能化のための一時的な形態にすぎない。

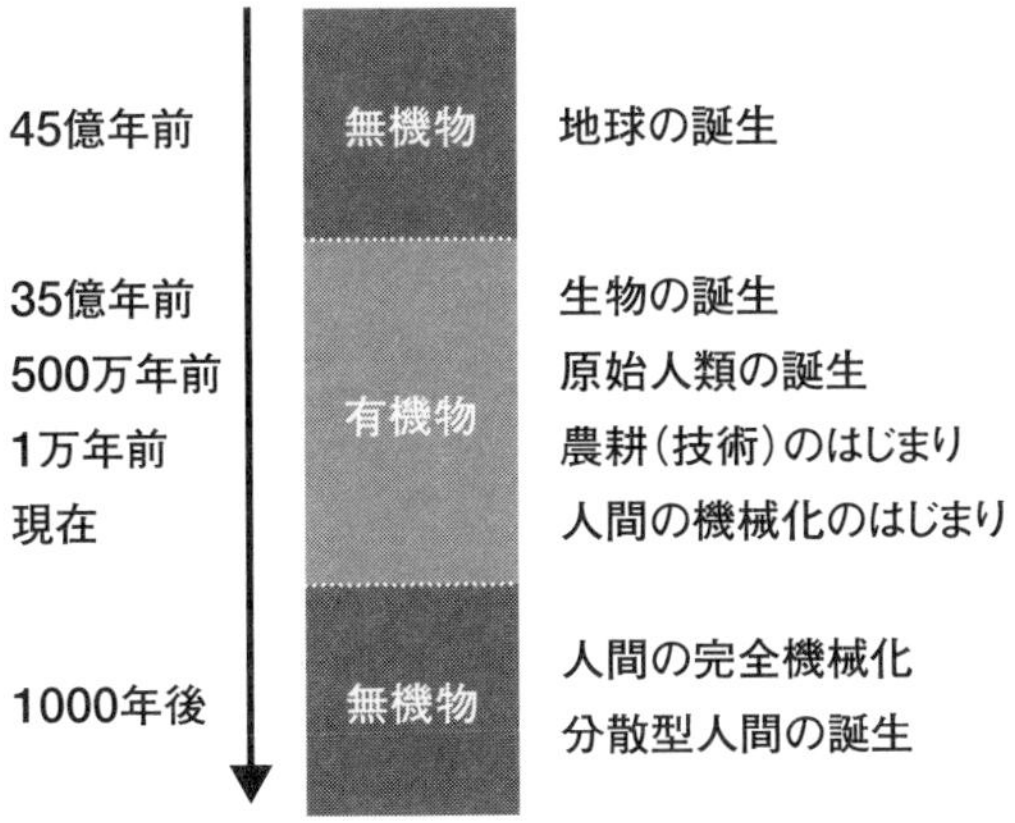
45億年前
35億年前
500万年前
1万年前
現在
1000年後
無機物
有機物
無機物
地球の誕生
生物の誕生
原始人類の誕生
農耕(技術)のはじまり
人間の機械化のはじまり
人間の完全機械化
分散型人間の誕生

無機物の知的生命体

現在の人間にとって「個」は重要だが、未来において「個」の意味するものが変わってゆくかもしれない。人間の個としての最小単位である「身体」があるのは、有機物である人間にとって重要である。有機物は壊れやすいため、再生産を繰り返さなくてはならない。だから、「身体」を「個」として認識し、維持することに努めなければならない。

しかし、無機物になってしまえば生身の身体が朽ち果てるという心配をする必要がなくなる。さらには、多様な形態をもつことができる。無機物の身体は機械をつなぎ合わせたり変形させたりするのと同様に、自由に拡張したり形態を変えたり他者とつながったりすることができる。

そうなると、人間が有機物の時代に、「身体」を基に築いてきた「個」の概念が変わるだろう。他者と自由につながったり、形を自由に変形できる「無機物の身体」を基に「個」を定義することは、ほとんど無意味になる。むしろ「個」は、その精神活動を司る情報の流れとして、情報ネットワーク上に存在する。

情報の流れになった人間においても「個」は重要である。なぜなら、そこからさらに進化するためには、強い情報の流れは、弱い情報の流れを取り込んだり消滅させたりして、強くなっていく必要があるためである。なにがしかの新たな進化の方法が生まれるのだろう。

無機物の
知的生命体

おわりに

本書で述べたように、人間の機械化はおおざっぱに言えば9割程度は完了しているのかもしれない。そして、将来人間は生身の部分すべてを機械に置き換えて、今とは比べものにならないくらいの長寿命を得るのだろう。逆に言えば、それができないのなら、人間はおそらく宇宙で長く繁栄することができない。

未来の人類にとって、生身の身体で個を区別するということはなくなる。自己と他者の境界は肉体や機械化された身体が決めるのではなく、思考のような情報の流れが規定するのだろう。そして個も常に個である訳ではなく、瞬時に他者と融合することもできる。個の形態が変われば社会の形態も当然変わり、今よりももっと柔軟に人間の可能性を引き出すものになるだろう。

実はそのような世界はすでに少しずつはじまっている。インターネットの世界がまさにそのような、個と社会に対して新しい関係をもたらす〝場〟になっている。インターネットの世界においては、肉体の制約を取り払うことで、多様な社会を生み出すことができる。ソーシャルネットワークがさまざまな社会を生み出し、実世界ではうまく生きられない者も、インターネット上の仮想世界では生き生きとすることも多々ある。

このように、人間の進化はある日突然やってくるのではなく、徐々に我々に浸透し、いつの間にか人間も世界も変えてしまうのである。しかし、それは新たな可能性に満ちた世界であるに違いない。無限に近く生きられる人生は今よりもはるかに多くの可能性に満ちている。

宇宙に旅立つ人間がどのような思考をもち、頭の中にどのようなパターンを描いてゆくのか、本書の続きを皆さんそれぞれで考えてみてほしい。

石黒　浩 いしぐろ　ひろし

1963年、滋賀県生まれ。ロボット工学者。大阪大学大学院基礎工学研究科博士課程修了。工学博士。大阪大学大学院基礎工学研究科教授。ATR石黒浩特別研究所客員所長（ATRフェロー）。人間酷似型ロボット（アンドロイド）研究を通じ、「人間とは何か？」という基本問題を探求する。

開発した主なロボットに、テレノイド、コミュー、ジェミノイドF、エリカ、機械人間オルタがある。

主な著書は、「ロボットとは何か」（講談社）、「どうすれば「人」を創れるか」（新潮社）、「人と芸術とアンドロイド」（日本評論社）、「“糞袋”の内と外」（朝日新聞出版）、「アンドロイドは人間になれるか」（文藝春秋）、「人はアンドロイドになるために」（筑摩書房）、「枠を壊して自分を生きる。」（三笠書房）。

人間とロボットの法則

2017年7月31日　初版1刷発行

発行者　井水治博
発行所　日刊工業新聞社
〒103-8548 東京都中央区日本橋小網町14番1号
電　話　書籍編集部　03-5644-7490
販売・管理部　03-5644-7410
FAX　03-5644-7400
URL　http://pub.nikkan.co.jp/
e-mail　info@media.nikkan.co.jp
振替口座　00190-2-186076

本文デザイン・DTP　志岐デザイン事務所
印刷・製本　新日本印刷

2017 Printed in Japan
ISBN 978-4-526-07731-9　C3034　NDC 548.3